汉竹编著·健康爱家系列

# 轻断食

## 自然瘦 不反弹

徐锦溪 主编

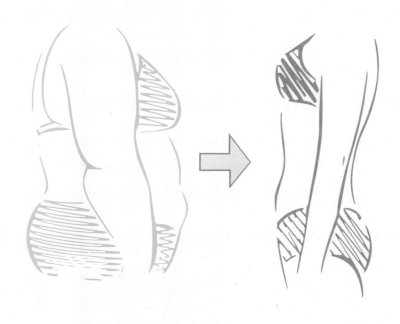

江苏凤凰科学技术出版社

全国百佳图书出版单位

·南京·

U0345320

# 图书在版编目（CIP）数据

轻断食自然瘦不反弹 / 徐锦溪主编 . — 南京：江苏凤凰科学技术出版社，2021.05（汉竹健康爱家系列）
ISBN 978-7-5713-1177-3

Ⅰ . ①轻… Ⅱ . ①徐… Ⅲ . ①减肥－食谱 Ⅳ . ① TS972.161

中国版本图书馆 CIP 数据核字 (2020) 第 095896 号

中国健康生活图书实力品牌

**轻断食自然瘦不反弹**

| | | |
|---|---|---|
| 主　　　编 | 徐锦溪 | |
| 编　　著 | 汉　竹 | |
| 责 任 编 辑 | 刘玉锋 | |
| 特 邀 编 辑 | 王超超　李佳昕　张　欢 | |
| 责 任 校 对 | 仲　敏 | |
| 责 任 监 制 | 刘文洋 | |

| | |
|---|---|
| 出 版 发 行 | 江苏凤凰科学技术出版社 |
| 出版社地址 | 南京市湖南路 1 号 A 楼，邮编：210009 |
| 出版社网址 | http://www.pspress.cn |
| 印　　刷 | 合肥精艺印刷有限公司 |

| | |
|---|---|
| 开　　本 | 720 mm × 1 000 mm　1/16 |
| 印　　张 | 12 |
| 字　　数 | 180 000 |
| 版　　次 | 2021 年 5 月第 1 版 |
| 印　　次 | 2021 年 5 月第 1 次印刷 |

| | |
|---|---|
| 标 准 书 号 | ISBN 978-7-5713-1177-3 |
| 定　　价 | 39.80 元 |

图书如有印装质量问题，可向我社出版科调换。

# 编辑导读

　　轻断食是一种健康的饮食方式，与节食减肥不同，它倡导自然瘦不伤身，也更容易坚持。在本书中，营养师将带你了解什么是轻断食，轻断食期间吃什么，怎样搭配，并详细地制订出一周的饮食方案，173道美食任你选。

　　此外，营养师根据现代人的生活方式不同，将需要轻断食人群者划分为六类群体：上班族、熬夜族、备孕族、应酬族、外食族、学生族，针对不同群体的营养需要和日常活动强度，制订轻断食方案，使轻断食有侧重、更高效。同时，本书也着重介绍了复食日饮食注意事项，套餐搭配并明确标示食物热量，助你养成良好的生活方式，享"瘦"美食不反弹。

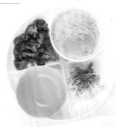

# 目录

## 第一章　科学的轻断食

## 第二章　轻断食这样吃，不饿易坚持

# 第三章　吃对食物很关键

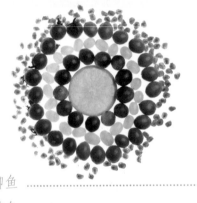

# 第四章 5∶2轻断食一周计划

# 第五章 不同人群的轻断食方案

# 第六章 喝对四季茶饮轻断食效果佳

# 第一章
# 科学的轻断食

轻断食减的不仅是体重，它还能加速身体代谢，狂甩体脂，让你从根本上瘦下来，变得轻盈、苗条、有活力，带给你更多的自信与幸福感。此章为大家讲解什么是轻断食及怎么进行轻断食。

# 了解轻断食

## 什么是轻断食

与以往节食瘦身不同的是，轻断食强调一周5天正常饮食，另外2天轻断食，在断食日也可以吃东西，但只摄取大约平日饮食1/4~1/3的热量。

比如一位25岁的女性，正常维持一天活动的热量需要7 953~8 790千焦（约1 900~2 100千卡）。在轻断食的2天里，可以摄取2 092千焦（约500千卡）左右的热量。

轻断食从可操作性和可持续性上来看都优于节食。引用轻断食发起人麦克尔·莫斯利医生的话："轻断食，就是短暂地严格限制你摄取的热量。轻断食的理由是希望借此'骗到'身体，让身体以为你可能遇到了饥荒，必须从活跃、高速运转的状态切换到保养维修的状态。"

## 你是否需要轻断食降体脂

检测你是否需要轻断食降体脂除了用体脂秤测量体脂外，身体也会主动发出信号。

看得见的标志：当你发现平时穿的裤子腰变紧了，随手一捏，腰边就能捏起松松的肉，这就说明你腰腹部的脂肪已经开始堆积了。如果已经有了"游泳圈"，不论是一层还是两层，那么你的体脂应该接近或者已经"超标"了。

看不见的标志：体检时，当报告单上显示"轻度脂肪肝""高血脂"等字样时，说明你的血液里、内脏上都开始出现脂肪堆积。这时，就算你看起来不那么胖，也要开始警惕体脂和内脏脂肪超标所带来的危害了。

## 如何做到轻断食

轻断食的核心方法是5:2,即5天正常饮食,2天轻断食,也被形象地称为5:2减肥法,是较容易长期进行的减肥饮食方法。

### 2天的"坚持"

轻断食的2天,可以吃5~10种食物。多选择富含膳食纤维、蛋白质的食材,尽量以清蒸、水煮、凉拌的方式烹调,或者直接生吃。应严格根据食物热量饮食,吃到五分饱至七分饱即可。

### 5天的"合理饮食"

要想成功有效地减去体内脂肪,光靠每周2天的限制饮食还不够,另外的5天里也要做到科学合理地搭配营养,不能随意吃喝、不加节制。每天的食物成分中要有充足的蛋白质、维生素和膳食纤维,适量的脂肪与碳水化合物等。

## 轻断食需要准备什么

> **心理准备：** 放弃那种一下子就瘦下来的想法,善待自己。问自己,真的了解轻断食了吗?确定要做这件事了吗?如果答案是肯定的,那就不要犹豫了,赶快行动起来吧;如果还在犹豫,就不要急着开始,要不然你会很难坚持下去的。

> **了解自己：** 轻断食前,你可以先去买台体脂秤,或者直接去有体脂秤的医院测试一下自己的体重、体脂量、肌肉量、水分等,然后把这些数据记下来,方便你做前后对比。你还可以去医院做一个常规体检,这也能反映出你的体脂是不是超标了。

> **列出计划并定期监测：** 计划好轻断食的时间,选择适合你的食谱方案。每周测量一次身体成分,看看自己体重、体脂和肌肉比例有没有发生变化。好的变化会让你对接下来的轻断食更有信心;如果变化不大,甚至没有改变,也不要灰心或者怀疑轻断食的减肥效果,要再耐心坚持一段时间看看。

> **做好总结：** 随时记下自己轻断食的感受,比如进食后的饱腹感、身体的疲劳感、心情是否愉悦。有了这些感受,你才能分析这个轻断食方案是不是适合你的。

# 轻断食如何做到不挨饿，照样饱口福

## 轻断食前要先明白轻断食≠节食

盲目节食不可取，轻断食比节食更健康，每周2天限制饮食，其余5天正常饮食即可，既不会加重胃消化的压力，也不需要你挨饿，又能减去超标体脂。轻断食期间，选择饱腹指数高、血糖生成指数低的食物，放慢进餐速度，改变进食顺序，能帮助我们不挨饿。

面对美食，大脑会发出"好吃，我想吃"的信号，胃接收到信号就会开始分泌胃液，对胃壁进行刺激，然后告诉你的大脑，让大脑感觉"我还有空间，可以吃的"，接着你很有可能就会忍不住诱惑，吃东西了。

节食会让你一直处在空腹状态，又不断受到美食的刺激，很难坚持下去。就算能坚持，因为前期节食的"亏欠"，再吃食物会变成一种"补偿"。为了"解馋"，反而控制不住自己的"嘴"，吃得更多。你的胃一直在"空腹—吃撑—空腹—吃撑"的状态中，压力忽大忽小，一直不舒服。时间久了，不仅体内脂肪越积越多，还损伤了胃的消化功能，"赔了夫人又折兵"。

## 饭前、饭后胃的状态

| 吃饭的状态 | 胃容量 | 食物排空的时间 | 生理反应 |
| --- | --- | --- | --- |
| 空腹 | 约为50毫升<br>约1个拳头大小 | 无 | 易出现饥饿感 |
| 刚好吃饱 | 约1.5升<br>约1个大可乐瓶的容量 | 食物3~4小时内排空 | 感到舒适 |
| 吃撑 | 达到3升<br>约2个大可乐瓶的容量 | 食物5~6小时或更长时间排空 | 易出现胃胀、反酸、打嗝等不良反应 |

## 选择饱腹指数高的食物

你有没有这样的感觉？在很饿的情况下，吃饼干和吃番茄、黄瓜的感觉不一样——饼干往往吃很多都不满足，而黄瓜或者番茄，吃1个就不想再吃别的东西了。这是为什么呢？

像黄瓜、番茄这样的蔬菜，膳食纤维含量高，吃了之后不会很快被吸收掉，而是慢慢地让你的胃蠕动。这个过程需要的时间比较长，其间你一直都不会觉得饿。

像饼干这种淀粉和添加剂多的食物，很快就能被我们消化吸收，吃完没多久就饿了，所以吃了饼干的人还会继续去找其他食物吃。再加上饼干中含有糖、黄油、植物油等高热量成分，吃多了容易导致发胖。

吃得很少，还让我们不觉得饿的食物，才有助于减肥。澳大利亚研究者开发了一个饱腹感等级表，被称为"饱腹指数"，比较了日常食用的38种含有1 000千焦热量的食品所带来的饱腹感。在饱腹指数中名列前茅的大都是水分多，或者膳食纤维含量高、脂肪含量低的食物，如蔬菜、水果，其中土豆被公认为饱腹指数最高的食物，其次是鱼类、燕麦粥等。

饱腹指数较高的食物，适合轻断食期间食用，可以有效抵抗饥饿感，同时还能控制热量摄入。饱腹指数较低的食物，它们的共同点是水分低、体积小、糖分高，轻断食期间尽量少食用，或者和其他易饱腹的食物搭配食用。

# 饱腹指数较高的食物排名

1 饱腹指数：323 土豆

饱腹指数：225 2 鱼

3 饱腹指数：209 燕麦粥

饱腹指数：202 4 橙子

5 饱腹指数：197 苹果

饱腹指数：176 6 牛肉

7 饱腹指数：162 葡萄

饱腹指数：157 8 全麦面包

9 饱腹指数：150 鸡蛋

## 选择血糖生成指数低的食物

血糖生成指数用于衡量食物中碳水化合物对血糖水平的影响,当食物进入体内后,消化快、血糖升高快,则该食物血糖生成指数高,饱腹感差;反之,消化慢、血糖升高慢的食物,其血糖生成指数低,饱腹感强。因此,轻断食期间,应多吃血糖生成指数低的食物。

根据食物血糖生成指数,可将食物分为 3 种,血糖生成指数 <55 为低血糖生成指数食物;血糖生成指数为 55~70 是中血糖生成指数食物;血糖生成指数 >70 为高血糖生成指数食物。

有些人在减肥时,选择多吃水果、少吃主食的方法就能瘦下来,就是因为水果的血糖生成指数普遍比主食的低。所以,在轻断食期间选择食物,就要小心了,要以食物的血糖生成指数作为参照标准,多选择血糖生成指数在 60 以下的食物。若食用血糖生成指数高的食物需注意搭配。

## 血糖生成指数低的 10 种常见食物

| 食物名称 | 血糖生成指数 |
| --- | --- |
| 蚕豆(五香) | 16.9 |
| 樱桃 | 22 |
| 大麦(整粒,煮) | 25 |
| 桃 | 28 |
| 黑麦(整粒,煮) | 34 |
| 苹果 | 36 |
| 梨 | 36 |
| 扁豆 | 38 |
| 小麦(整粒,煮) | 41 |
| 葡萄 | 43 |

## 放慢进餐速度

平时和体形胖的朋友一起吃饭，你会发现他（她）吃得很快，经常在5~10分钟内结束一餐，就算是去吃大餐，他也总是吃得又快又多。而体形正常或偏瘦的朋友通常小口小口吃饭，吃得慢、吃得少。

人的大脑与胃之间的信号传递需要15分钟，当你在5~10分钟内吃完饭，胃虽然已经"吃饱"了，可是大脑还没有接收到"已经吃饱了"的信号，你就会认为你没吃饱，还会继续吃东西。然而，当你吃饭用了20分钟，哪怕你只吃了平时饭量的七成，你也会感觉很饱了。适当放慢吃东西的速度，你就会少吃三成饭了。"细嚼慢咽"是非常科学的，这样不但能将进食量固定在合理的范围内，也能防止暴饮暴食对胃造成伤害。

## 改变进食顺序

轻断食期间，大家最关心的就是饥饿感如何缓解，方法其实很简单——改变进餐顺序。中国人习惯"用菜下饭"，然后再盛碗汤喝掉。吃饭的顺序就是主食、荤菜、素菜、汤、水果，顺序靠前的容易吃多。

想象一下，你现在很饿，有机会吃东西了，你会怎么吃？你肯定会大口大口地吃前面的主食和荤菜，等食物达到胃容量的一半时再吃少量素菜，吃完素菜再喝碗汤、吃点水果，很快你就吃饱了，甚至还有点撑。这样一餐下来，摄入的热量就很多了。

让我们来调整一下进食的顺序，可以先吃点水果、喝碗汤（达到胃容量的1/4），再吃素菜（增加到胃容量的1/2）、荤菜（增加到胃容量的2/3）、主食（增加到1个胃容量），那么，你不仅吃饱了，还觉得吃得很满足。

轻断食期间应让自己的饥饿感和饱腹感保持在有点饿到七分饱之间，即下图中的2~5之间，尽量不要让自己觉得很饿或者很饱。因为很饿或者很饱都会让我们的胃处在不舒服的状态，不利于减肥。

饥饿、饱腹感受程度划分

| 很饿 | 有点饿 | 不饿 | 半饱 | 七分饱 | 十分饱 | 吃撑了 |
| --- | --- | --- | --- | --- | --- | --- |
| 1 | 2 | 3 | 4 | 5 | 6 | 7 |

# 轻断食常见问题

## 哪些人不适合轻断食

轻断食可以减掉身体里多余的脂肪，让身体变得更加轻盈，也更加健康，但它也不是适合所有人，属于下列任意一种情况的人，就不适合尝试了。

(1) 孕妇、产妇、哺乳期妈妈。

(2) 处于生长发育期的儿童、青少年。

(3) 瘦弱的老年人。

(4) 患有慢性胃炎、胃溃疡、溃疡性结肠炎等慢性消耗性疾病的人。

(5) 每天需要摄取充足热量的人，如重体力劳动者。

## 轻断食感到不舒服能继续吗

轻断食期间，如果感到不舒服，也不要过分担心，引起身体不适的原因有很多，找到具体原因消除不适，就可以继续轻断食了。

(1) 克服心理因素。你要相信，当轻断食减肥成功后，轻盈的身体与完美的身材会让你觉得目前所有的不舒服、难受都是值得的。

(2) 聪明地吃。日常能吃到的食物有那么多，制作方法当然就可以多样化。"垃圾食品"就不要吃了，科学烹饪，清淡的食物也会很美味。

(3) 多吃低热量、饱腹感强的食物。轻断食期间多少会有饿的感觉，你可以吃些富含膳食纤维、低热量、饱腹感强的食物，如魔芋、绿叶蔬菜等。

(4) 注意营养素的合理搭配。如果你平时就容易缺乏维生素和矿物质，可以适当服用些补充剂。

## 女性"四期"能轻断食吗

女性的"四期"是指月经期、妊娠期、产褥期和哺乳期。

事实上，这"四期"中只有月经期才可以轻断食。但并不是月经期轻断食，效果会更加明显。女性月经期时，体内激素发生改变，通常表现为轻度的水肿，体重比经期前增加1公斤左右，等到经期结束时，这1公斤会自动消失。这才让人误以为，月经期轻断食要比平时轻断食减下来的多。

妊娠期、产褥期和哺乳期不适合轻断食是因为这3个特殊的时期要保证胎儿、婴儿的营养需求，如果随意进行轻断食，可能会引起自己营养不佳或孩子发育不良。

## 轻断食期间能运动吗

轻断食期间是可以运动的，运动能帮助消耗热量，有助于消耗体内脂肪。当然，有运动习惯的人和没有运动习惯的人，轻断食期间的运动方案会有所不同。

但应注意的是轻断食期间，如果运动或锻炼后出现了明显不适，应立即停止。出现类似低血糖表现时要停止运动并及时补糖，下次运动应降低运动强度或者减少运动量。

## 体重下降不明显，还要继续轻断食吗

轻断食的过程中，你的体重下降了一些，但还没达到理想体重，可能就停止下降了。这说明你的轻断食已经初见成效，千万别因效果不好而停止，也不要立即复食，这是身体在提醒你，可以做些运动来增强轻断食的效果，如快走、慢跑、卷腹等。体重过重的人，最好别选择爬山的方式，以免损伤膝关节。

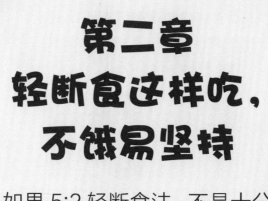

# 第二章
# 轻断食这样吃，
# 不饿易坚持

　　如果 5:2 轻断食法，不是十分适合你，也可以调整轻断食的时间，采用隔天轻断食法,3:2 轻断食法或每天中午或晚上轻断食法。本章将为大家详细介绍，大家可以根据自己的实际情况灵活选择。

# 周末 2 天轻断食，其余 5 天正常吃

轻断食通常以 5:2 的形式来进行，就是每周 5 天正常饮食、2 天轻断食。也可以根据自己的工作时间，安排哪两天进行轻断食。

一般来说，在周末 2 天进行轻断食，对于上班族来说是比较合理的。这两天不仅可以避开高强度工作对热量的需求，不至于因为"轻度饥饿"终止轻断食，还可以保留充足的时间来进行适当的运动。在运动的时候，可以暂时忘记吃，建议选择瑜伽这种形式的运动。周末轻断食也有一个不足，就是需要你克服在家庭或朋友聚会时受到的美食诱惑，一旦经不住诱惑就会前功尽弃。

**适宜人群：** 周一至周五工作、周末休息的人群。

**不宜人群：** 经常值夜班轮岗、周末也要工作的人群。

**轻断食日推荐：** 每餐 1~3 类食物，各类食物以不超 150 克为宜。

轻断食期间在控制摄入食物热量的基础上，应尽量保持食物的多样性。

### 周六

**早 第 1 顿**
脱脂牛奶 1 杯(200 毫升)鸡蛋 1 个、凉拌蔬菜约 100 克

**中 第 2 顿**
无糖豆浆 1 杯(200 毫升)、全麦吐司 1 片、水炒鸡蛋 1 份(鸡蛋 1 个)

**晚 第 3 顿**
苹果 1 个

### 周日

**早 第 1 顿**
无糖豆浆 1 杯(200 毫升)、全麦吐司 1 片、圣女果 4 个

**中 第 2 顿**
杂粮饭 1/2 碗(约 50 克)、虾仁蒸蛋 1 份(虾仁 4 个、鸡蛋 1 个)

**晚 第 3 顿**
凉拌蔬菜约 50 克

# 周一、周四轻断食，周末吃大餐

忙碌了一周的你，在周末可能会遇到各种各样的聚会和活动，这时轻断食简直有点"残忍"，那么周一、周四轻断食是不错的选择。

就算能克服美食的诱惑，你的朋友也许会想方设法地对你的轻断食计划进行阻挠，那时的你能成功"突围"他们的干扰吗？因为各种原因，在周末不能进行轻断食的朋友，可以在周一、周四轻断食。

因为周末可能刚吃了大餐，周一轻断食能减轻身体的负担。周二、周三正常吃，保证工作日的热量。周四再进行1天，提前为周末减轻负担。这个方法让你在周末放心享受美味，而不用过于担心打乱轻断食计划。

**适宜人群：**工作强度不大、周末出差或聚会多的人群。

**不宜人群：**经常出差、工作强度大的人群。

**轻断食日推荐：**周一、周四如果工作强度大，可视食物热量加餐，以增加饱腹感。

## 周一

**早 第1顿**
无糖豆浆1杯(200毫升)、杂粮馒头1/2个、凉拌蔬菜约50克

**中 第2顿**
无糖酸奶1杯(150毫升)、苏打饼干4片、卤鸡蛋1个

**晚 第3顿**
黄瓜1根

## 周四

**早 第1顿**
脱脂牛奶1杯(200毫升)、煮鸡蛋1个全麦吐司1片

**中 第2顿**
杂粮饭1/2碗、盐水对虾1只、炒蔬菜约50克

**晚 第3顿**
蒸紫薯约50克、菲力牛排约50克、魔芋汤1碗

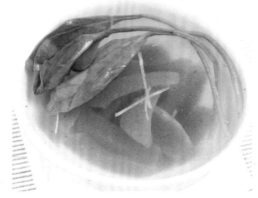

# 每天中午或晚上轻断食，健康瘦

周末不能轻断食的朋友，可以每天进行 1 餐轻断食，这 1 餐可以是午餐，也可以是晚餐，最好不要在早餐进行。

早餐是一日饮食营养的开端，早餐吃饱了，你才能得到充分的热量和营养，一上午都精力充沛。午休时间较长的朋友，可以在中午进行轻断食。午休时间很短、餐后要立刻工作的朋友，只能在下班后进行轻断食了。

不管怎么安排，轻断食这一餐都要遵循低热量、不过饱、味清淡的原则。不要随意不吃某一餐，因为这样不但会使饥饿感增强，影响到下一餐的进食量，也会增加你下一餐的食欲，反而吃得更多。

**适宜人群：**轻体力工作者，如办公室文员、IT 职员等。

**不宜人群：**中、重体力工作者，如外科医生、舞蹈演员等。

**轻断食日推荐：**每天 1 餐，每餐吃 3~4 类食物，每类食物量不超过 50 克。

## 每天第 2 顿（中餐）或第 3 顿（晚餐）的推荐食谱

### 参考方案 1

薏仁红枣粥 1/2 碗

凉拌豆腐约 50 克

凉拌蔬菜 50 克

### 参考方案 2

煮玉米 1/2 根

对虾 5 只

拌蔬菜约 50 克

### 参考方案 3

红薯约 50 克

鸡蛋 1 个

蔬菜汤 1 碗

# 3:2轻断食比 5：2 更灵活

随着轻断食的进行，你对自己越来越有信心，就能更加灵活地调整周期，使身体的负担更轻。比如将 5:2 调整为 3:2，也就是 3 天正常饮食、2 天轻断食。

在你进行轻断食的初期，选择 5：2 的方式比较好，即一周 5 天正常饮食、2 天轻断食，这个方法在时间安排和饮食规律上很容易把握。当你对 5：2 轻断食法驾轻就熟时，可选择 3：2 轻断食法，这个方式缩短了正常饮食与轻断食的间隔，又不至于一直吃得少。好处是可以减少身体的热量储存和脂肪堆积，提高身体的代谢效率，变得更瘦。

**适宜人群：** 作息规律的人。

**不宜人群：** 经常值夜班轮岗、作息不规律的人群。

**轻断食日推荐：** 每餐 2~3 类食物，各类以不超 50 克为主。可参考 5:2 轻断食的方案。

## 第 1 天

早 **第 1 顿**

无糖豆浆 1 杯(200毫升)、鸡蛋 1 个、凉拌蔬菜约 50 克

中 **第 2 顿**

果醋 1 杯(2勺果醋＋纯净水 200毫升稀释)、三文鱼三明治 1 块

晚 **第 3 顿**

蜂蜜水 1 杯、炒蔬菜约 50 克

## 第 2 天

早 **第 1 顿**

无糖酸奶 1 杯(150毫升)、煮玉米 1/2 根、圣女果 4 个

中 **第 2 顿**

杂粮饭 1/2 碗、蒸鱼段约 50 克、炒蔬菜约 50 克

晚 **第 3 顿**

脱脂牛奶 1 杯(200毫升)、凉拌豆腐约 50 克、煎鸡胸肉 1 块(约100克)

# 隔天轻断食：瘦得更明显

隔天轻断食，方法是 1 天正常饮食、1 天轻断食，如此反复。简单地说，就是 1 天正常吃、1 天少吃点，这个方式与连续的节食法相似，但又没那么痛苦，可以对摄入的食物进行控制。要注意正常饮食日不要吃得太饱，以免胃肠不适。

## 隔天轻断食应注意

隔天轻断食更要注意营养搭配，只吃蔬菜这类的低热量食物并不可取，时间久了会造成营养比例失衡，有可能会引起脱发、贫血、消化不良等。

## 隔天轻断食荤素搭配更合理

轻断食期间，只吃一种或一类食物的朋友们，你们要注意了。不少朋友都会认为，既然轻断食，就要彻底些，断了高热量、高脂肪、高蛋白的食物，只吃低热量食物，比如只吃蔬菜、不吃主食、不吃肉蛋。

轻断食期间应该荤素搭配，你需要通过控制饮食量，来减少摄入的食物热量，而不是减少食物种类。每种食物你都要吃一点，保证每天都会摄入适量的优质蛋白质、必需脂肪酸、碳水化合物、充足的膳食纤维、维生素和矿物质。所以，轻断食期间要荤素搭配。

## 轻断食＋运动，加速代谢效果好

基础代谢跟身高、体重有关，因人而异。两个同样体重的人，如果其中一个人的肌肉含量比较高，他的基础代谢就高，在其他条件都一样的情况下，他每天燃烧掉的热量比肌肉含量少的那个人多，所以肌肉含量较高的人，看起来比较瘦，也相对不容易发胖。

轻断食减少了热量的摄入，使摄入的热量小于消耗的热量，让体脂减少。体脂减少后，肌肉在身体成分中的比例就会提高，基础代谢也会随之提高。

但轻断食是无法增加肌肉量的，肌肉量要通过运动来增加。所以想要轻断食的效果更好，可以适当进行一些运动。

## 轻断食期间这些营养不可少

轻断食的食谱中，每一种类的食物最好都吃一点，在种类丰富的基础上适当限制摄入量，让轻断食不那么单调。蔬菜、水果、主食和肉蛋类均衡摄入。

**优质蛋白质：** 主要存在于动物性食物和大豆类食物中，如鸡蛋、鱼虾、鸡鸭、牛肉、牛奶等。

**必需脂肪酸：** 富含优质蛋白质的食物也含有身体所需的必需脂肪酸，如鱼虾等。

**碳水化合物、多种维生素、矿物质、膳食纤维：** 杂粮、淀粉类蔬菜以及水果中含有一定量的碳水化合物、维生素、膳食纤维；绿叶蔬菜中则富含多种维生素、膳食纤维和矿物质。此外，富含优质蛋白质的食物还可能含有脂溶性维生素，如鸡蛋中含有维生素 A。

**不宜人群：** 易发生低血糖、不能忍受饥饿的人群。此外，隔天轻断食，会使工作日中有 2~3 天是低热量摄入，很难满足工作中的热量消耗，时间久了容易引发低血糖、低蛋白血症、贫血等问题，所以工作劳累的朋友不要尝试。

**适宜人群：** 适应 5:2 或 3:2 的轻断食方式、想要瘦身更明显的人、工作轻松的人、休长假的人。后两类人一旦工作变得劳累，最好及时调整至 5:2 的方式。

**轻断食日推荐：** 一日三餐，每餐保证2~3类食物，各类食物的量以不超50克为准。可参照5:2轻断食的方案。

### 轻断食日

**早 第1顿**

无糖豆浆1杯(200毫升)、菜包1个、煮鸡蛋1个

**中 第2顿**

果醋1杯(2勺果醋、纯净水200毫升稀释)、蔬菜三明治1块(可加1个鸡蛋)

**晚 第3顿**

脱脂牛奶1杯(200毫升)、寿司(小卷)4个、猕猴桃1个

# 轻断食易坚持的六个秘诀

很多人轻断食失败的原因是不够坚持，尤其是甜品爱好者，总会有这样的感慨："每次减肥都失败，就是管不住自己的嘴，只要吃上蛋糕卷，完全停不下来，一口气吃好几个。"下面介绍几个轻断食易坚持的秘诀，助你取得良好效果。

## 秘诀一 发掘营养美味又低热量的食物

很多人在最初确定要轻断食时，都会只关心什么是不能吃的，比如糖、点心、饮料等。如果因为减肥杜绝了很多人体必需的营养素，那样会造成营养的不均衡。其实更正确的方法是发掘什么是可以吃的，去发现一些营养好又美味低热量的"超级食物"，既能保证饮食健康又可以达到轻断食的效果。

## 秘诀二 不要情绪化进食

所谓情绪化进食，就是自己并不饿，但是因为情绪上的原因(如焦虑、沮丧、愤怒、悲哀、压力大等)，多吃了很多东西。如果已存在这样的情况，可以尝试着用运动来调节情绪，出去散散步或者跟朋友谈谈心……总之，化解消极状态，合理管理自己的情绪，不仅能让你避免暴饮暴食，也能让你远离亚健康状态！

## 秘诀三 五谷杂粮代替精米精面，营养更饱腹

粥具有易咀嚼、易消化的特点。杂粮因为谷皮比较完整，煮的时间短会不利于消化，煮成粥后则解决了难消化的问题。杂粮中的膳食纤维很多，在胃内具有较强的吸水膨胀能力，可以增加饱腹感，达到轻断食的效果。

吃杂粮可增加饱腹感，是轻断食不错的选择。

### 秘诀四 喝对汤品很重要

在轻断食期间应选用蔬菜做的汤品，它们保留了植物原本的膳食纤维，低热量、易饱腹。饭前喝汤可减少正餐的进食量，饭时喝汤可促进消化，饭后喝汤则容易撑大胃体积。轻断食期间建议饭前或饭时喝汤，不宜饭后喝汤。如果还觉得很饿，可以在蔬菜汤里放些饱腹感强的食材，如土豆、山药等，但每次只能少量添加。

### 秘诀五 适量摄入脂肪

减肥人群谈及脂肪如谈虎色变，以为脂肪是肥胖的"万恶之源"。其实脂肪吃得太少，容易出现皮肤松弛无光泽、便秘等问题，而且很容易产生饥饿感，所以加一点健康脂肪到每一餐中吧，坚果、植物油、牛油果、鱼、大豆和乳制品等都是很好的选择。

### 秘诀六 重视喝水

很多人在轻断食期间制订了很多饮食计划却忽略了重要的水。饮用足够多的水不仅能提高身体的新陈代谢，还能改善便秘，通便排毒。研究表明，吃饭前喝水、吃含水量高的沙拉或者汤、豆浆、脱脂牛奶等，可以帮助减少食量，更有助于瘦身。

**自制豆浆，浓淡相宜**

一般豆浆的制作要求是固体原料与水的比例为 1:8，这样的浓度比较合适，过浓或过淡都会影响效果。选择富含膳食纤维的果蔬或者谷物，加 20~30 颗黄豆，制成豆浆，可增加饱腹感，促进肠蠕动，利于通便。豆浆制作好尽量不要放糖，避免增加摄入的热量和对血糖造成影响。

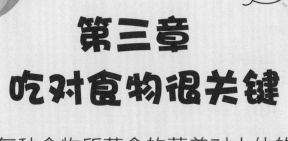

# 第三章
# 吃对食物很关键

　　每种食物所蕴含的营养对人体的作用方式都有其独特之处，了解这些常见食物的营养价值，有助于充分了解饮食，做到在保证补充自己所需营养的同时，养成轻断食的习惯。你会发现自己不但可以拥有苗条的身材，精神状态也会变好，给你带来全新的生活体验。

# 蔬菜类

　　新鲜蔬菜的热量普遍很低，其中还富含大量的膳食纤维，不仅能使我们的肠道通畅，还能帮助我们增加牙齿的咀嚼次数，延缓胃的排空速度，同时降低餐后血糖的上升速度，增强一餐食物的饱腹感，让你轻松控制热量。

## 蔬菜不宜这样吃

蔬菜不宜配沙拉酱：大多数沙拉酱的脂肪含量都在 70% 以上，而且都是饱和脂肪酸。建议用酸奶替代沙拉酱，酸奶不但比沙拉酱的热量低很多，还含有蛋白质、钙和益生菌。

不宜只吃蔬菜：只吃蔬菜，易导致蛋白质及其他营养元素的缺乏。过量的膳食纤维会影响矿物质的吸收，长期这样吃容易伤到脾胃等脏器，导致脂质代谢受阻，形成易胖体质。

### 一日轻断食餐单推荐

✓ 早餐：凉拌蔬菜约 100 克、煮鸡蛋 1 个、无糖豆浆 1 杯（200 毫升）

✓ 午餐：炒蔬菜约 50 克、牛排 1/4 块、蒸薯类约 50 克

✓ 晚餐：粥 1/2 碗、烫蔬菜约 50 克

轻断食者的最爱。生食生菜可以最大限度地保留生菜的营养。

生菜：富含水分，热量极低

白菜：可润肠、排毒

冬瓜：公认的瘦身佳品

轻断食期间尽量选择绿叶蔬菜，少食用根茎类蔬菜。

**轻断食应注意**

非淀粉类蔬菜占每天摄取蔬菜的 2/3，淀粉类占 1/3，此比例效果不错。

番茄热量低，饱腹感强，适宜晚上吃，更易达到轻断食减肥的效果。

白萝卜：含消化酶，消食化气

番茄：富含多种维生素

黄瓜：能抑制糖类物质转变为脂肪

## 处理绿叶蔬菜的正确方法

绿叶蔬菜的保鲜时间较短，你需要这样来处理和保存。

生食要用盐水洗：最好将洗好的蔬菜放到淡盐水中浸泡 10~15 分钟，可以杀菌。

保存绿叶蔬菜：先晾干蔬菜，然后除掉不新鲜的叶子，再将其放入塑料袋中，扎紧袋口，置于阴凉通风的地方，可以让蔬菜保鲜 2~3 天。

## 宜与富含蛋白质的食物搭配

绿叶蔬菜营养丰富，但缺乏蛋白质，与肉丝、鸡蛋等富含蛋白质的食物搭配食用，营养更均衡，也更容易被胃肠接受。

## 宜与大蒜搭配食用

绿叶蔬菜很适合清炒，清炒时放点蒜末，不仅可以调节口味，大蒜素还有杀菌和抗氧化的功能，有利于健康。

# 苦瓜

热量
91 千焦①

苦瓜最大的特点就是苦，其含有苦瓜甙和奎宁，具有降低血糖和胆固醇的作用，同时还能够促进胃液分泌。

# 韭菜

热量
102 千焦

韭菜富含大量的维生素和膳食纤维，能促进胃肠蠕动，使肠胃通畅，是出名的"洗肠菜"，有较好的减肥功效，一直有"菜中之荤"的美称。

# 油菜

热量
57 千焦

油菜是十字花科植物，十字花科蔬菜都有非常好的抗氧化、防癌抗癌功效，生活中宜适量多吃。油菜含有丰富的维生素和矿物质，能增强机体免疫力，有降脂化瘀、排毒防癌的作用。油菜中大量的膳食纤维也有助于促进肠道蠕动，缩短粪便在肠道停留的时间，有助于减肥。

# 洋葱

热量
169 千焦

洋葱具有很好的保健功效，其富含硒、磷、钙等营养素，具有防癌抗衰老、刺激食欲、帮助消化的作用。而且洋葱不含脂肪，热量也较低，适合减肥人群适量食用。

# 菠菜

热量
116 千焦

菠菜富含钾、铁和维生素 C 等，其中铁与维生素 C 搭配能提高吸收率，有助于改善贫血症状。

①注：本书所标注的食物热量，均为 100 克可食用部分的热量估值，仅供参考

## 西蓝花 热量 111 千焦

西蓝花中含有丰富的膳食纤维，膳食纤维在胃内吸水膨胀，可形成较大的体积，使人产生饱腹感，有助于减少食量，对控制体重有一定作用。

## 南瓜 热量 97 千焦

南瓜富含维生素 C、维生素 E 和 β - 胡萝卜素，这三大抗氧化维生素能够抑制体内自由基的产生。南瓜还有预防便秘的功效。

## 卷心菜 热量 101 千焦

卷心菜有助于修复肠胃溃疡，促进肠胃的正常运作。卷心菜中富含叶酸，孕妇或者贫血患者应当多吃。

## 茼蒿 热量 98 千焦

茼蒿中含有较高量的钾等矿物盐，能调节体内水液代谢，通利小便，消除水肿。还有助于消化和降低胆固醇。

## 茄子 热量 97 千焦

茄子是为数不多的紫色蔬菜之一，不仅含有蛋白质、钙、磷、铁，还有丰富的维生素和碳水化合物，对于降血脂、降低胆固醇都有着积极的作用。

# 水果类

水果的脂肪含量通常在 1% 以下，有的甚至低到了 0.2%。加之水果的淀粉含量也很低，蛋白质含量又很少，如果用水果来替代诱人的饼干甜点，甚至替代一部分米饭馒头，是有利于减肥的。

## 不能只吃水果减肥

很多人在减肥时，都会选择用水果来代替正餐，殊不知，水果吃不对，可能会产生问题。虽然水果含有很丰富的维生素和矿物质，但蛋白质才是构成人体最基本的物质。而水果的蛋白质含量很低，只吃水果减肥，最后只会导致身体浮肿，饮食正常之后反弹更快。

### 一日轻断食餐单推荐

✔ 早餐：水果约 50 克、煮鸡蛋 1 个、脱脂牛奶 1 杯（200 毫升）

✔ 午餐：水果约 50 克、牛排 1/3 块、凉拌蔬菜约 50 克

✔ 晚餐：炒蔬菜约 50 克

避免摄取过多的脂肪，达到减肥的目的。

西瓜：能利尿消水肿，降低血压

西柚：防止血管、细胞老化

草莓：富含果胶，降低胆固醇含量

其中柠檬酸有助于肉类的消化，钾和钙、柠檬的柠檬酸、是非常多样化

吃水果时也要注意适量，以免一次性摄入过多糖分。

## 水果不能替代蔬菜

蔬菜中多为不溶性粗膳食纤维，而水果中的膳食纤维多为可溶性纤维，二者功能不同。水果中矿物质和微量元素也不如蔬菜丰富，但果糖等碳水化合物产生的热量却远远高于蔬菜，所以如果摄入等量的水果和蔬菜，相对来说水果更容易让人发胖。

## 每天宜摄入适量水果

成人在非轻断食日，每天水果应摄入 200~350 克，且最好选择两种水果。同时，应减少 25 克左右的主食，这样才能保证每天摄入总热量保持不变。

## 宜在合适的时间吃水果

不同的水果有不同的适合进食时间，早上适合吃苹果、梨、葡萄等酸性不强的水果；餐前空腹不适合吃圣女果、橘子、柿子等酸涩水果；饭后不宜立即吃水果，过 1 小时后可适量吃菠萝、木瓜、猕猴桃等可以促进消化的水果。所以，吃水果要根据水果的性质，在合适的时间吃合适的水果。

### 轻断食应注意

再好的水果也不能多吃。否则会引起血糖升高，还会造成胃部不适。

芒果所含的维生素 C 能抑制黑色素形成，保持皮肤滋润。

木瓜：含木瓜蛋白酶，助消化

哈密瓜：有生津止渴、美容养颜的功效

芒果：含膳食纤维，保持肠道健康

# 柠檬 热量 156 千焦

柠檬最大的特点就是酸，酸味成分主要是柠檬酸，能够促进新陈代谢，达到消除疲劳的作用。

# 柑橘 热量 184 千焦

柑橘含有丰富的维生素 C，能提高免疫力，橘瓣上的筋膜叫橘络，富含膳食纤维，有助于促进肠胃活动，改善便秘。

# 葡萄 热量 185 千焦

葡萄中含有的花青素对眼睛有益，还能够抗衰老、提高免疫力。葡萄果皮中的花青素含量高于果肉，榨汁时可以连同果皮一起榨汁。

# 橙子 热量 202 千焦

橙子中的维生素 C 含量很高，有助于提高人体的免疫力，并有预防坏血病的作用，是一种保健水果。经常感冒的人常吃橙子，还具有增强抵抗力的作用。橙子还含有丰富的膳食纤维、果酸以及 B 族维生素等营养成分，能够燃烧脂肪，降低胆固醇。

# 菠萝 热量 182 千焦

菠萝中含有丰富的菠萝蛋白酶，能够分解蛋白质。和肉类同食，能够促进消化，防止胃积食。

# 苹果 热量 227 千焦

苹果是一种低热量高膳食纤维的水果，而且富含各种人体必需的维生素，能调节人体机能，减少热量转化为脂肪在体内堆积，有助于减肥。另外，苹果中大量的钾元素有助于将人体多余盐分排出体外，防止盐分摄取过量。

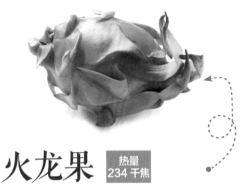

# 火龙果 热量 234 千焦

火龙果含有的白蛋白会自动与人体内的重金属离子结合，通过排泄系统排出体外，从而起到解毒的作用。火龙果富含维生素和水溶性膳食纤维，能促进肠胃蠕动，其果肉的果糖和蔗糖含量较低，所含天然的葡萄糖更适宜人体吸收，是理想的减肥水果。

# 猕猴桃 热量 257 千焦

猕猴桃的维生素 C 含量在水果中名列前茅，其所含的蛋白酶，有助于消化高蛋白食物。猕猴桃的热量较低，含有丰富的可溶性膳食纤维，不仅能够促进消化吸收，更易产生饱腹感，有助于控制体重。

# 香蕉 热量 389 千焦

香蕉含有丰富的蛋白质、钾、维生素 C 和膳食纤维，容易让人有饱腹感。香蕉还有促进肠胃蠕动、润肠通便的作用。

# 肉类及水产类

肉类食物是人体优质蛋白以及某些维生素、矿物质的主要来源。肉类食物营养丰富，味道鲜美，食用后更耐饥，还可以使机体变得更加强壮。此外，肉类食物中的蛋白质更加全面，且更容易被人体吸收。

**做鱼尽量不煎炸**

鱼的最佳烹饪方法是清蒸，不提倡生吃和煎炸的做法。煎炸鱼会流失约 20% 的营养，生吃鱼肉则会感染细菌，而清蒸的做法可以最大限度保留鱼中的营养物质、减少油脂的摄入、保留鱼肉的鲜美。

**一日轻断食餐单推荐**

✔ 早餐：杂粮粥 1/2 碗、煮鸡蛋 1/2 个、黄瓜 1/2 根

✔ 午餐：杂粮饭 1/2 碗、鸡胸肉 100 克、炒蔬菜约 50 克

✔ 晚餐：低脂无糖酸奶 1 杯(150 毫升)、水果 1 个

鸡肉最好吃白肉中要注意不要吃皮，因为鸡皮含有大量的脂肪。

驴肉：蛋白质含量较高

兔肉：蛋白质含量较高

轻断食期间一定要适量吃肉类食物，可选择脂肪含量较低的肉类。

## 轻断食应注意

海鲜和肉类富含嘌呤，尿酸高的人群要控制摄入量。

鸡胸肉：增补肌肉的好食材

牛肉中的锌比植物中的锌更容易被人体吸收。

牛肉：益气补血，强健身体

## 吃藻类食物有禁忌

不能和酸性食物一起吃：藻类食物属于碱性物质，与酸性物质一起食用会导致藻类食物的营养打折。

不能和酸涩水果一起吃：藻类食物中的砷，会与水果中的维生素 C 发生化学反应，容易形成有毒物质，导致肠胃不适。

不能和柿子一起吃：藻类食物和柿子二者同食容易影响某些营养成分的消化吸收，导致胃肠道不适。

## 肉这样吃更健康

少吃煎、烤、炸的肉：肉在腌制过程中，可能产生亚硝酸盐，在体内转化为致癌物质亚硝酸胺；烤焦的肉和皮中则含有致癌物苯并芘；肉煎炸过焦后，会产生致癌物质多环芳烃，过量食用这类食物，会让胃、肠、胰腺等消化道癌变的概率升高。

适量食用瘦肉：瘦肉中的蛋氨酸含量较高，过多食用可能会加速动脉粥样硬化和血栓的形成。

对于健康的成年人，一天差不多摄入禽畜肉 40~75 克，水产类 40~75 克。

# 猪肉（瘦） 热量 600千焦

猪肉中的蛋白质能满足人体生长发育的需要，尤其是精瘦猪肉的蛋白质可补充豆类蛋白质中必需氨基酸的不足。猪肉还含有丰富的 B 族维生素，可以为人体补充必需的营养。

# 羊肉（瘦） 热量 581千焦

羊肉含有丰富的蛋白质、脂肪、矿物质，可增加热量，促进血液循环，有御寒暖身的作用。羊肉含维生素 $B_1$、维生素 $B_2$、维生素 E 和铁，可预防贫血，改善手脚冰冷的症状。

# 鲤鱼 热量 459千焦

鲤鱼具有蛋白质优、脂肪酸配比合理、热量低三大特色，同时还含DHA 等，营养价值非常高。鲤鱼的脂肪含量低，且多为不饱和脂肪酸。鲤鱼具有利尿作用，可以帮助人排出体内多余的水分，有助于控制体重。

# 鲫鱼 热量 455千焦

鲫鱼是典型的高蛋白、低脂肪、低糖的保健食物，但并不是说鲫鱼不含有脂肪，鲫鱼中含有的少量脂肪酸都属于不饱和脂肪酸，对高血脂有一定的防治作用。

# 带鱼 热量 535千焦

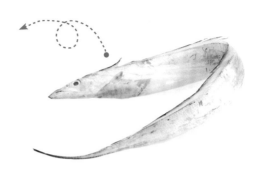

带鱼的脂肪含量高于一般鱼类，但多为不饱和脂肪酸，这种脂肪酸的碳链较长，具有降低胆固醇的作用。带鱼的脂肪含量是低于其他肉类的，在减肥期间适量食用带鱼替代其他肉类，可以达到既补充蛋白质，又摄入较少热量的目的。

# 三文鱼 热量 581千焦

三文鱼里面含有大量的优质蛋白质，可以为减肥人群提供大量的营养物质，它属于高蛋白质的食物，里面含有大量的钙、铁、锌、磷等多种维生素。三文鱼还富含 ω-3 脂肪酸，食用少量的 ω-3 脂肪酸并结合适量的锻炼，可以达到明显的减重效果。

# 鳕鱼 热量 374千焦

鳕鱼含有大量的蛋白质，以及丰富的维生素 D、维生素 A 和钙、镁等矿物元素。鳕鱼几乎不含脂肪，热量在肉类中也比较低，每 100 克的鳕鱼肉里脂肪甚至不到 1 克，适合想要控制体重的人群食用。此外，鳕鱼的鱼油富含 DHA 及人体所需要的维生素，一定程度上可以保护我们的心血管系统。

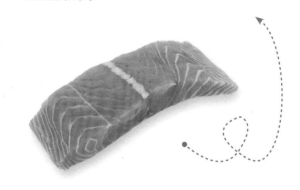

# 鲈鱼 热量 442千焦

鲈鱼口感鲜嫩，没有小刺，含优质蛋白质、不饱和脂肪酸及多种微量元素，属于淡水鱼中的佼佼者。鲈鱼中还含有较多的维生素 D，能够辅助补钙，预防骨质疏松。

# 海带 热量 55 千焦

海带含有甘露醇，具有降低血压、利尿和消肿的作用，对水肿型肥胖有一定的缓解作用。而且海带热量非常低，是肥胖者的理想减肥食物。

# 海蜇 热量 139 千焦

海蜇很适合减肥中的人食用，因为它富含蛋白质与胶质。海蜇的胆固醇也很低，对于有心血管疾病隐忧的中老年人而言，是很好的食物。

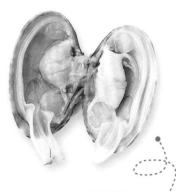

# 牡蛎 热量 307 千焦

牡蛎钙含量接近牛奶的1倍，铁含量为牛奶的21倍，有减肥养颜和防治疾病的功效，其脂肪含量较低，又富含优良的蛋白质，是美味的低热量减肥食品。

# 蛤蜊 热量 260 千焦

蛤蜊含有丰富的蛋白质、矿物质和微量元素，可预防中老年人慢性病，抑制"坏"胆固醇在肝脏的合成，并加速"坏"胆固醇的排出。并且蛤蜊脂肪含量不高，适合控制体重的人。

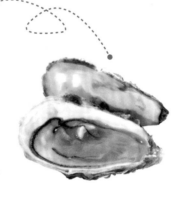

# 虾 热量 363 千焦

虾中含有20%的蛋白质，是鱼、蛋、奶的几倍甚至十几倍，属于蛋白质含量高的食物。虾和鱼肉相比，所含的人体必需氨基酸并不高，但却是蛋白质的优质来源。

# 螃蟹 热量 400 千焦

螃蟹的热量不高，还含有大量的微量元素和维生素，其中微量元素钾，可以消除浮肿、抗衰老、预防肥胖等。螃蟹中还含有大量的蛋白质，对增肌减脂、促进新陈代谢都有帮助。但是蟹黄中的胆固醇含量有些高，不能吃太多。

# 海白菜 热量 460 千焦

海白菜又叫海菠菜、海莴苣，是一种海藻类食物，味道鲜，营养好。海白菜中富含钙、镁、碘等矿物质，以及海藻胶等可溶性膳食纤维，具有降低胆固醇的作用。

# 裙带菜(干) 热量 914 千焦

裙带菜被称为"补钙之王"，钙含量非常高；含锌量是"补锌能手"牛肉的3倍；500克裙带菜含铁量相当于10千克菠菜，维生素C含量相当于0.75千克胡萝卜。

# 紫菜(干) 热量 1 050 千焦

紫菜的碘含量非常丰富，碘可用于治疗因缺碘而引起的甲状腺肿大。紫菜还含有一定量的甘露醇，可缓解水肿症状。紫菜中含有的膳食纤维，能帮助有害物质排出体外，保持肠道健康。

# 豆类及豆制品类

豆类富含高质量植物性蛋白，营养健康、帮助排毒、促进消化，而且食用后易产生饱腹感。豆类含有的异黄酮、大豆皂苷等成分，有助于降低人体内的脂肪和胆固醇含量。

## 豆制品不适用于所有人

豆制品中含有大量的蛋白质，会引起消化不良，导致腹胀甚至腹泻，还会阻碍铁的吸收。因此，患有急性和慢性浅表性胃炎的病人要忌食豆制品。

**一日轻断食餐单推荐**

✔ 早餐：无糖豆浆 1 杯（200 毫升）、全麦吐司 1 片、煮鸡蛋 1/2 个

✔ 午餐：通心粉 1/2 碗、去皮鸭脯 5 片、炒蔬菜约 50 克

✔ 晚餐：无糖豆浆 1 杯（200 毫升）、凉拌蔬菜约 50 克

大豆热量低、脂肪少，且含有优质蛋白质，能够增强饱腹感。

黄豆芽：具有清热利湿、消肿除痹的作用

大豆：可加工成鲜豆浆食用

豆腐含有大豆卵磷脂和优质蛋白质，能够增强饱腹感。

## 豆类合理搭配更营养

谷豆搭配，营养互补：谷物中的赖氨酸含量低，而豆类中含量高。相反地，谷类中的蛋氨酸含量高，而豆类中含量较少。这样搭配起来，就发生了奇妙的氨基酸"互补作用"，大大提高了人体对蛋白质的吸收率。

豆豆搭配，营养更全面：不同豆类的外表和"内涵"都有所不同，绿豆清热解毒，红豆补血养心，黑豆补肾……所以搭配着吃，营养更全面。

## 学会吃"豆"很重要

豆类能够提供丰富的维生素和矿物质，也含有优质的植物蛋白质，对于维持器官功能至关重要。因此，学会吃豆非常重要。

有研究指出，每天吃 25 克以上大豆，可以降低血液中胆固醇含量，能有效预防心血管疾病，半块豆腐就可以提供足量的大豆蛋白。

### 轻断食应注意

自制豆浆，浓淡相宜。一般豆浆的制作要求是固体原料与水的比例为 1∶8。

患有痛风、肾病、急性胰腺的人宜避免食用豆类及其制品。

豆浆：含有丰富的营养素

绿豆芽：可清除血管壁中的胆固醇

# 豆腐干 热量 823 千焦

豆腐干是豆腐的再加工制品，含有大量蛋白质、碳水化合物以及钙、磷、铁等人体所需的多种矿物质。最关键的是，豆干不仅营养丰富，脂肪含量还不高，减肥期间可适当食用。

## 红豆 热量 1 357 千焦

红豆富含维生素 $B_1$、维生素 $B_2$、蛋白质及多种矿物质，有补血、利尿、消肿、促进心脏活化等功效。多吃红豆可防治水肿，有减肥之效。红豆还可以促进肠胃蠕动，减少便秘，促进排尿，消除心脏病或肾病所引起的浮肿。食用红豆减肥可以让你的大腿和腰非常明显地瘦下来。

### 凉拌豆腐干

**原料：**豆腐干 150 克，香菜末、葱花、生抽、盐、醋各适量。

**做法：**①水煮开，放点盐，豆腐干切丝，煮一会儿。②将豆腐干丝捞出沥干，放点香菜末、葱花、醋、香油、盐、生抽拌匀即可。

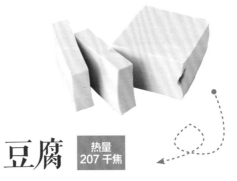

## 豆腐 热量 207 千焦

豆腐富含人体必需的多种微量元素及优质蛋白，且容易消化吸收，非常适合轻断食期间食用。要想更好地发挥豆腐的营养价值，需要做好饮食搭配。

# 绿豆

| 热量 |
| --- |
| 1 376 千焦 |

绿豆因其具有清热解毒作用，而深受人们的喜爱。绿豆中的矿物质，可降低血压、胆固醇，预防心血管疾病。最主要的一点是绿豆当中含有球蛋白和多糖，能够促进肠道的消化吸收，能够降血脂，帮助身体排出毒素和垃圾，排出宿便，从而起到一定的减肥效果。

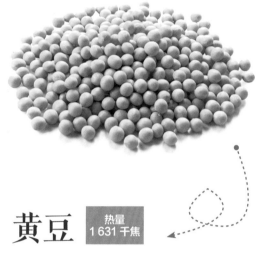

# 黄豆

| 热量 |
| --- |
| 1 631 千焦 |

黄豆中含有大量的大豆异黄酮，这种物质能够有效地抑制人体对脂质的吸收，同时黄豆富含的膳食纤维也能有效增加饱腹感，促进新陈代谢。因此，黄豆可以说是集营养与健康于一体的减肥食品。

# 腐竹（干）

| 热量 |
| --- |
| 2 024 千焦 |

腐竹含有丰富的铁，而且易被人体吸收，对缺铁性贫血有一定疗效。腐竹含钙也很丰富，可用于防治因缺钙引起的骨质疏松。腐竹是豆制品中蛋白质含量相对较高的一种食物，同时它的维生素 E、锌和硒的含量也很高。少量腐竹泡发后与黄瓜等蔬菜类凉拌，能很好地控制热量的摄入，美味又瘦身。

# 谷薯类

谷物是人体热能和植物蛋白的重要来源，谷物中的碳水化合物大多是淀粉，能为人体提供 50%~80% 的能量。谷物中还含有丰富的 B 族维生素，在代谢以及酶化反应中有着重要的作用。另外，无论你是增肌还是减脂，都需要摄入足量的主食，保证充足的碳水摄入，可用全谷类和谷薯类替换精细主食。

**五谷杂粮宜晚餐食用**

五谷杂粮中丰富的膳食纤维会刺激肠胃蠕动，加速体内宿便的排出。此外，丰富的膳食纤维更容易使人产生饱腹感，晚上吃五谷杂粮可以减少食物的摄入量，从而避免晚上吃得过饱，对肠胃造成负担。

**一日轻断食餐单推荐**

✔ 早餐：杂粮粥 1/2 碗、煮鸡蛋 1/2 个

✔ 午餐：杂粮粥 1/2 碗、水煮肉片 5 片、炒蔬菜约 50 克

✔ 晚餐：无糖酸奶 1 杯 (150 毫升)

土豆、红薯等杂谷薯中含有淀粉，轻断食时，可用它们代替精米、精面。

土豆：脂肪和热量的含量非常低

红薯：低脂肪、低热量的食物

五谷杂粮营养丰富，饱腹感强，适当食用有助于减肥。

### 谷物吃得巧，瘦身速度快

吃五谷杂粮不容易使人饮食过量，而且餐后血糖上升缓慢，胰岛素需求量小，能抑制脂肪的合成，有利于减肥。在现代营养学中，谷物具有举足轻重的地位，它是我们的主食，无论粗粮、细粮，吃对才会有益身体健康。

### 吃五谷杂粮应多喝水

五谷杂粮中丰富的膳食纤维需要充足的水分，才能保证肠胃的正常工作。因此，食用五谷杂粮时，宜多饮用白开水。膳食纤维摄入增加一倍，就宜多饮用一倍的水。

### 只吃粗粮，也不利于健康

粗粮对健康有益，但若每天只吃粗粮，对身体反而会造成伤害。粗粮中膳食纤维含量丰富，但不容易消化，而且易增加肠胃负担。长期进食粗粮，会磨损食道、肠胃等消化道黏膜细胞，引发肠胃疾病。另外，膳食纤维摄入太多，会影响其他营养素的吸收。

**轻断食应注意**

粗细搭配，营养加倍：粗粮与细粮搭配起来烹制，既可煮粥，又可蒸饭。

玉米：富含膳食纤维能促进胃肠蠕动

芋头：可促进细胞再生，保持血管弹性

玉米须有良好的保健作用，有"一根玉米须，堪称二两金"之说。

# 荞麦 　热量 1410 千焦

荞麦中含有丰富的镁，能促进机体新陈代谢，促进人体纤维蛋白溶解，抑制凝血酶的生成，具有抗栓塞、解毒等作用。荞麦中的赖氨酸和精氨酸含量丰富，还含有平衡性良好的植物蛋白质，能起到减肥、瘦身的效果。

# 大麦 　热量 1367 千焦

大麦含丰富的膳食纤维，可刺激胃肠蠕动，有较好的润肠通便功效。大麦中的葡聚糖和可溶性膳食纤维含量均高于小麦，是良好的保健品原料，常被用来制作保健品。大麦中含有丰富的 B 族维生素，不仅能抗氧化，还能促进体内蛋白质、脂肪的代谢，有一定的减肥功效。

# 大米 　热量 1453 千焦

大米含有丰富的碳水化合物、磷、钾等营养元素，能为人体提供必需的营养和能量。大米是人体 B 族维生素的主要来源之一，常食有助于碳水化合物、蛋白质和脂肪在体内的代谢平衡，有助于控制体重，还能维持神经系统的正常功能。

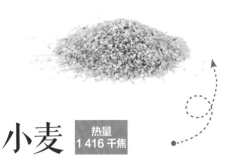

# 小麦 　热量 1416 千焦

另外，小麦磨粉时要留少许麦麸，以保留更多的膳食纤维和 B 族维生素，营养更均衡，也有助于改善血液循环，降低胆固醇，在购买时，尽量选择全麦的。

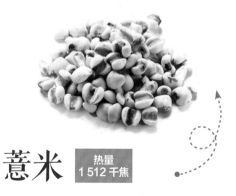

# 小米 热量 1 511 千焦

小米中含有丰富的营养物质，其脂肪含量高，在粮食作物中，其含量仅次于黄豆，而蛋白质和维生素含量高于大米，其所含的维生素 E 也较高，有益于调节人体内分泌。

# 薏米 热量 1 512 千焦

薏米富含矿物质和维生素，有促进新陈代谢，减少肠胃负担，清热利尿，健脾除湿的作用。薏米中蛋白质含量较高，且氨基酸种类齐全，可促进体内水分代谢，有消炎、镇痛的作用。此外，薏米可以抗氧化，延缓衰老，常食可保持皮肤的光泽细腻。

# 糙米 热量 1 475 千焦

糙米最大限度地保留了 B 族维生素，可促进碳水化合物、蛋白质、脂肪的代谢，有健脾益胃、减肥的功效。其含较多的矿物质和膳食纤维，更符合蛋白质摄入过多的人的营养需求。

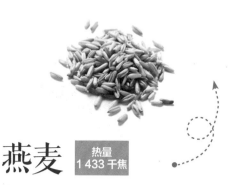

# 燕麦 热量 1 433 千焦

燕麦营养丰富，富含膳食纤维、B 族维生素、维生素 E 以及氨基酸。其富含的可溶性膳食纤维可加快肠胃蠕动，帮助排便，还能帮助排出胆固醇。燕麦中的皂苷可调节人体的肠胃功能，常见的燕麦米和燕麦片，皆有促进胃肠蠕动的功效，适宜于减肥人群食用。

# 坚果类及其他

坚果是众所周知的健康食品。坚果富含优质酯类、不饱和脂肪酸，对心血管有益，可以延缓衰老。坚果中富含钙、镁、钾等矿物质，是人体所需的植物性蛋白以及微量元素的重要来源，用来补充蔬菜水果摄入不足的空缺也是很好的选择。

## ✓ 两餐之间补充坚果最佳

坚果具有体积小、能量高、营养丰富、快速补充能量等特点，放在两餐之间作为加餐小零食再合适不过了。另外，坚果还可以有很多种吃法，熬粥煮饭、制作健康蛋糕、烹饪入菜等等。

### 一日轻断食推荐

✓ 早餐：无糖酸奶 1 杯（150 毫升）、煮鸡蛋 1/2 个、坚果 1 把

✓ 午餐：杂粮饭 1/2 碗、鸡脯肉 5 片、炒蔬菜约 50 克

✓ 晚餐：水果 1 个

市面上有多种口味的瓜子，选择原味瓜子更利于健康。

巴旦木：增强人的饱腹感

花生：饱腹感非常强

葵花子：可降低胆固醇

## 轻断食应注意

宜喝低脂无糖酸奶。市售的酸奶品种很多，轻断食期应谨慎选择。

开心果：增强体质、预防心血管疾病

杏仁：可使皮肤红润有光泽

开心果能减少体内 6% 的"坏"胆固醇，保持动脉健康。

### ✓ 果仁每天吃1匙的量

坚果虽然对身体有益，但每次不宜吃太多，瓜子、花生、杏仁等吃1小把即可，果仁每天吃1匙即可，否则易导致热量摄入过多。

### ✓ 喝酸奶需注意

不要空腹喝酸奶，空腹喝酸奶，胃酸会使乳酸菌失去活性，使酸奶失去排肠毒的效果。

酸奶不宜多喝，每天喝一两杯为宜，每天早上一杯，晚上再喝一杯，这样的搭配较为理想，可以调节肠道菌群。

购买酸奶要仔细看清楚成分，选择纯酸奶，带有"酸奶饮料"字样的含糖量很高，不利于控制体重。

### ✗ 蛋类食物不可过量食用

蛋类的营养价值非常高，是天然食物中的佼佼者，几乎含有人体所需的全部营养素，且易消化吸收。蛋类的营养成分大致相同，主要含蛋白质、脂肪、无机盐和维生素。蛋白质在体内的代谢时间较长，可长时间保持饱腹感，有利于控制饮食量，但在轻断食期间不可过量食用。

# 核桃 热量 2 704 千焦

核桃中含有的膳食纤维有促进肠道蠕动的功效，有些人有小肚子是因为宿便没有排出，膳食纤维可以有效地解决这一问题。同时，核桃可以让人产生强烈饱腹感，在就餐前先吃些核桃，可以防止过量进食，对控制体重很有效，是非常理想的减肥食品。

# 鹌鹑蛋 热量 664 千焦

鹌鹑蛋的蛋白质、脂肪含量虽然与鸡蛋相当，但它所含的脑磷脂和卵磷脂比鸡蛋高出三四倍，鹌鹑蛋能将胆固醇和脂肪乳化为能透过血管壁、直接供组织利用的极细颗粒，因而食用蛋黄后一般不会增加血中胆固醇的浓度。饭前吃几个鹌鹑蛋可以增进饱腹感，能有效地控制食量，是减肥的好帮手。

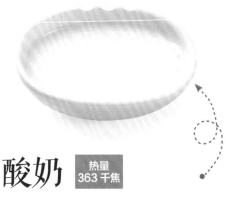

# 酸奶 热量 363 千焦

在日常饮食中增加酸奶所占的比重，能够促进肠道蠕动，清除肠道中的垃圾，还可以调节肠道内的菌类，增加益生菌类，促进消化和吸收。另外，喝完酸奶会有饱腹感，可以遏制吃零食的冲动，减少热量的摄入。

# 鸡蛋 热量 581 千焦

鸡蛋黄中的卵磷脂是一种乳化剂，可使脂肪和胆固醇乳化成极小颗粒，更利于被机体利用。除了卵磷脂，蛋白质也是鸡蛋中重要的营养素，蛋白质水解后的物质有利于调整人体组织液的浓度平衡，有利于水分的代谢，消除水肿。鸡蛋的蛋白质利用率高，可迅速修复机体，是运动增肌肉食物首选。

# 脱脂牛奶 热量 146 千焦

脱脂牛奶含有丰富动物蛋白质、钙、铁及多种氨基酸、乳酸、矿物质等。蛋白质能增强饱腹感，减少食物的摄入量。脱脂牛奶还会保护胃黏膜，有效地抑制胃酸分泌，有助于减肥。

# 鸭蛋 热量 748 千焦

鸭蛋是常见蛋类，性凉，能清肺热去火气，滋阴润燥，因此阴虚火旺、咽喉痛的人可以吃些鸭蛋，此外食用鸭蛋还能保养心血管。鸭蛋含有蛋白质、磷脂、维生素 A、维生素 D、钙、钾、铁、磷等营养物质，其维生素 $B_2$ 含量更为丰富，也是补充 B 族维生素的理想食品之一。

**牛奶燕麦粥**

**原料：** 燕麦片 50 克，牛奶 250 克。

**做法：** 锅内加适量水烧沸，倒入燕麦片、牛奶煮沸，用勺不断搅拌，使燕麦吸饱水分。

# 松花蛋 热量 742 千焦

松花蛋较鸭蛋含更多矿物质，且脂肪和总热量稍有下降，它能刺激消化器官，增进食欲，促进营养的消化吸收，中和胃酸。松花蛋在腌制过程中，蛋白质分解成氨基酸，营养更易吸收。松花蛋富含铁，对预防缺铁性贫血有一定帮助。但松花蛋不可食用过量。

# 第四章
# 5：2轻断食一周计划

研究表明，科学的轻断食带来的好处远不止瘦身减肥，还能促进毒素排泄、控制血糖，疏解不良情绪等。轻断食提倡健康的生活方式，使你通过自制得到心灵上的满足和成就感。从本周起，和营养师一起轻断食吧。

# 周一正常饮食 吃对食物

　　一般来说，成人每天大约需要 6 285 千焦的能量来维持身体机能，但是这也会因个体间身高、体重、年龄、性别的差异而有所不同。轻断食计划开始了，建立健康的饮食习惯，就可以轻松地进行了！

## 改变摄入碳水化合物的方式

　　在控制饮食的过程中，很多人都以不吃主食来控制和减轻体重。此方法在短期内对减肥非常有效，但是极易出现反弹，且对身体有不良影响。其实，稍微采取一点技巧，多吃杂粮或用淀粉类蔬菜代替一部分主食，如土豆、芋头等，依然能达到不错的减肥效果。

## 蛋白质和健康脂肪可抑制对糖的渴求

　　摄取糖分会令胰岛素水平飙升，导致人体储存多余的脂肪。但有一种方法可以帮助"纠正"我们对糖的渴求，并控制体重的增加。如果吃富含糖分的食物，那一定要伴随富含蛋白质或健康脂肪的食物一起吃，这样就可以抑制人体胰岛素的激烈反应，有利于控制体重。

## 一日三餐推荐

　　在日常的饮食中，不但要注意食物所含的热量，还要重视食物的营养成分，这样才能瘦得健康。

| 1754 千焦 早餐 | + | 184 千焦 加餐 | + | 1754 千焦 午餐 |

燕麦南瓜粥　121 千焦

黄花鱼炖茄子　452 千焦

## 膳食纤维，肠道的"清道夫"

膳食纤维虽然不能被人体吸收，却是人体健康必不可少的，它发挥着重要的生理作用。膳食纤维有可溶性和不可溶性两种形态。可溶性膳食纤维可溶解于水，使人产生饱腹感，有助于减少食量，帮助降低血液中的胆固醇含量。不可溶性膳食纤维不能溶解于水，可直接刺激肠道蠕动，加快粪便排泄，有助于减少脂肪积聚。

## 越质地肥美的肉食越要提防

轻断食时期要注意越质地肥美的肉，其脂肪含量就越高。老母鸡和乌鸡炖汤脂肪含量为3%，鱼的脂肪含量为3%~5%，肥牛、肥羊、烤鸭的在30%以上，肥肉脂肪含量则高达90%。

**小贴士** **成功轻断食秘诀**

**➤ 科学选择含膳食纤维的食物**

一说起膳食纤维，许多人就会认为口感越粗糙的食物膳食纤维含量越多，这是相对片面的，其实芹菜、韭菜等口感粗糙的蔬菜固然是膳食纤维的好来源，但像红薯、香蕉等，吃起来虽然口感绵软可口，但它们的膳食纤维的含量也很丰富，所以轻断食期间一定要科学地选择食物，不要被错误的观念误导。

**➤ 想继续吃的时候就刷牙**

饭后刷牙，尤其是薄荷口味的牙膏，不但可以让口腔健康，清新宜人，还可以减少对食物的渴望。就算还想吃，刷牙后进食时口腔的不适感也会影响食物的风味和口感，让你自觉地放弃进食，减少热量的额外摄入，有利于控制体重。

## 饱腹感强的推荐食材

饥饿时可以吃一些超强饱腹食物，这样既不发胖，也能解决饥饿问题。

 苹果　　红薯　　杏仁

+ **200 千焦** 加餐 + **419 千焦** 晚餐 = **4 311 千焦**

芹菜虾皮燕麦粥 105 千焦

> **自制沙拉酱才是瘦身之选**
> 要想让沙拉酱的热量降下来，吃健康的低热量沙拉，自制沙拉酱是最好的选择。自己在家做沙拉酱完全可行！

# 一日三餐食谱

　　早餐适宜吃膳食纤维含量高的汤粥,如麦片粥、燕麦豆浆等。上午加餐,可以将黄瓜和胡萝卜切成条当零食吃。午餐可以选择鱼、虾等,促使你细嚼慢咽。晚餐至少要吃20分钟,进食慢、多咀嚼可以提供充实的饱腹感,减少进食量。

> **早餐搭配**
>
> 燕麦南瓜粥 + 凉拌三丝
> + 韭菜炒虾仁
>
> 燕麦南瓜粥 + 白灼芥蓝
> + 鸡胸肉炒西蓝花

**早餐 燕麦南瓜粥** 热量 121 千焦

**原料:** 南瓜 150 克,大米、燕麦片各 20 克。

**做法:** ①南瓜洗净,削皮,并去掉内瓤,切成小块;大米洗净;燕麦片洗净,加水提前浸泡 2 小时备用。②锅置火上,将大米放入锅中,加足够的水,大火煮沸后换小火煮 20 分钟;然后放入南瓜块,小火煮 10 分钟;再加入燕麦片,继续用小火煮 10 分钟即可。

**营养功效:** 燕麦是一种低糖、高营养食品。南瓜含有蛋白质、胡萝卜素、维生素、氨基酸、钙等营养成分。二者搭配熬成粥,营养足,饱腹感强,易消化,利于减肥。

## 午餐 黄花鱼炖茄子 热量 452 千焦

**原料：** 黄花鱼 1 条，茄子 100 克，葱段、姜丝、白糖、豆瓣酱、盐、香菜各适量。

**做法：** ①将黄花鱼处理干净；茄子洗净去皮，切条。②油锅烧热，下葱段、姜丝炝锅，然后放豆瓣酱、白糖翻炒。③加适量水，放入茄子条和黄花鱼，炖熟后，加盐调味，出锅点缀香菜即可。

**营养功效：** 肉质鲜嫩的黄花鱼搭配鲜嫩的茄子，可以补充胡萝卜素、钙、铁、碘等营养素。因黄花鱼富含优质蛋白，而茄子的热量也不高，在享受美味的同时不用担心长胖。

### 午餐搭配

黄花鱼炖茄子 + 凉拌菠菜 + 红豆粳米粥

## 晚餐 芹菜虾皮燕麦粥 热量 105 千焦

**原料：** 虾皮、芹菜、燕麦各 50 克，盐适量。

**做法：** ①芹菜洗净后切丁；燕麦洗净，浸泡。②锅置火上，放入燕麦和适量水，大火烧沸后改小火，放入虾皮。③待粥煮熟时，放入芹菜丁，略煮片刻后加盐调味即可。

**营养功效：** 燕麦可增强饱腹感，芹菜低热量且富含膳食纤维和水分，作为晚饭吃既不用担心很快感觉到饥饿，也不容易长胖。

### 晚餐搭配

芹菜虾皮燕麦粥 + 白灼金针菇 + 柠檬煎鳕鱼

## 替换餐单

　　可溶性膳食纤维主要存在于植物细胞液和细胞间质中，苹果、香蕉等水果及海带、胡萝卜等蔬菜中含有较多的可溶性膳食纤维。不可溶性膳食纤维一般存在于植物的根、茎、叶、皮中，例如芹菜、韭菜、空心菜等。正确食用含膳食纤维的食物可以使减肥达到事半功倍的效果。

**套餐搭配**

香菇山药鸡 + 素炒冬瓜 + 荷叶莲子粥

香菇山药鸡 + 番茄炒西葫芦 + 芹菜粥

# 香菇山药鸡　热量 264 千焦

**原料：** 山药 100 克，鸡腿 150 克，干香菇 6 朵，料酒、酱油、白糖、盐各适量。

**做法：** ①山药洗净，去皮，切厚片；干香菇用温水泡软，去蒂，切块。②将鸡腿洗净，剁块，汆烫，去血沫后冲洗干净。③将鸡腿块、香菇块放入锅内，加料酒、酱油、白糖、盐和适量水同煮。④开锅后转小火，10 分钟后放入山药片，煮至汤汁稍干即可。

**营养功效：** 鸡肉、香菇可提高抵抗力；山药促进脾胃消化吸收，三者同食可补养身体，且香菇山药鸡的热量不是很高，适量食用不用担心会增肥。

## 胭脂冬瓜球 热量 105千焦

**原料：** 冬瓜 300 克，紫甘蓝 150 克，白醋、白糖、薄荷叶各适量。

**做法：** ①紫甘蓝洗净，放入榨汁机中，加适量水榨汁；过滤后，放入锅中煮几分钟，然后放入碗中，倒入白醋。②冬瓜洗净，对半切开，用挖球器挖出冬瓜球，将冬瓜球放入开水中焯 3 分钟，放入紫甘蓝汁中浸泡。③放冰箱冷藏半小时以上，加白糖、薄荷叶即可。食用前要先放至常温。

**营养功效：** 此菜品酸甜爽口，热量低，可有效缓解水肿症状。

## 荠菜魔芋汤 热量 79千焦

**原料：** 荠菜 100 克，魔芋丝 60 克，盐 3 克，姜 5 克，彩椒丝适量。

**做法：** ①荠菜去叶，择洗干净，切段；姜切丝。②魔芋丝洗净，用热水煮 2 分钟，去味，沥干。③将魔芋丝、荠菜、姜丝入锅，加清水用大火煮沸，转中火煮至荠菜熟软。④出锅前加盐调味，点缀彩椒丝即可。

**营养功效：** 此汤清爽适口，可清理肠道，促进脂肪燃烧。

## 鸡胸肉扒小白菜 热量 242千焦

**原料：** 小白菜 300 克，鸡胸肉 200 克，牛奶、盐、葱花、淀粉、料酒各适量。

**做法：** ①小白菜去根、洗净，切段，用开水焯烫；鸡胸肉洗净，切条，放入开水中汆烫。②油锅烧热，下葱花炝锅，放入鸡胸肉条，加入盐、料酒、小白菜段、牛奶用大火烧开。③最后，再用淀粉勾芡即成。

**营养功效：** 此菜品营养丰富，饱腹感强，适合减肥的人食用。

# 荷塘小炒 热量 192 千焦

**原料：**莲藕 100 克，胡萝卜、荷兰豆各 50 克，木耳、盐、水淀粉各适量。

**做法：**①木耳洗净，泡发，撕小朵；荷兰豆择洗干净；莲藕去皮，洗净，切片；胡萝卜洗净，去皮，切片；水淀粉加盐调成芡汁。②胡萝卜片、荷兰豆、木耳、莲藕片分别用开水焯熟，沥干。③油锅烧热，倒入焯过的食材翻炒出香味，浇入芡汁勾芡即可。

**营养功效：**荷塘小炒维生素含量丰富，口味清爽，可以增强食欲，同时富含膳食纤维且热量低，食用后不用担心会影响身材。

## 套餐搭配

荷塘小炒 + 松仁玉米 +
什锦面

荷塘小炒 + 蒜蓉空心菜
+ 胡萝卜饭

# 虾仁烧芹菜 热量 126 千焦

**原料**：虾仁 100 克，芹菜 200 克，盐 3 克。

**做法**：①芹菜洗净，切段，焯烫。②油锅烧热，放入虾仁、芹菜翻炒至熟。③最后加盐调味即可。

**营养功效**：虾含有丰富的蛋白质和矿物质，芹菜富含膳食纤维。

# 海米炒洋葱 热量 205 千焦

**原料**：海米 50 克，洋葱 150 克，姜丝、葱花、盐、酱油、料酒各适量。

**做法**：①洋葱洗净，切丝；海米泡发洗净。②将料酒、酱油、盐、姜丝放碗中调成汁。③油锅烧热，放入洋葱丝、海米翻炒，加入调味汁即可。

**营养功效**：海米炒洋葱能增进食欲、促消化，可控制血糖。

**营养功效**：本粥能够补充人体所需的碳水化合物，养胃健脾。

# 养胃粥 热量 289 千焦

**原料**：大米 50 克，红枣 4 颗，香菇 20 克。

**做法**：①香菇洗净焯水后切丁；大米淘洗干净；红枣洗净。②三者同入锅内，加清水适量，大火煮开后，转小火熬煮成粥。③依个人口味可用盐或者蜂蜜调味，早晚食用。

# 牛奶浸白菜 热量 301 千焦

**原料:** 牛奶 250 毫升, 白菜心 300 克, 奶油 20 克, 盐 3 克。

**做法:** ①将白菜心洗净, 在锅内烧开清水, 滴入少许油, 放入白菜心, 将其焯至软熟, 捞出沥干备用。②把牛奶倒进有底油的锅内, 加入盐, 烧开后放进沥干水的熟白菜心, 略浸后加入奶油即可。

**营养功效:** 此菜味道鲜美, 口味清淡, 营养易消化。牛奶富含蛋白质, 白菜含大量膳食纤维, 二者搭配是不错的减肥美食。

## 小贴士

脾胃虚寒泄泻及痰多者少食。

# 莲藕炖牛腩 热量 519 千焦

**原料:** 牛腩 150 克, 莲藕 100 克, 红豆 30 克, 姜片、盐各适量。

**做法:** ①牛腩洗净, 切大块, 氽烫, 过冷水沥干; 莲藕去皮洗净, 切成块。②将牛腩块、莲藕块、姜片、红豆放入锅中, 加适量水, 大火煮沸, 转小火慢煲 2 小时, 出锅前加盐调味即可。

**营养功效:** 莲藕含有较为丰富的碳水化合物, 又富含维生素 C 和胡萝卜素, 对于补充维生素十分有益; 牛腩可以提供高质量的蛋白质, 增强身体的免疫力。

## 小贴士

在制作此道菜的过程中, 水最好一次性放足, 如果中途需加水, 请加热水。

# 五彩山药虾仁 热量 310 千焦

**原料:** 山药 200 克,虾仁、豌豆荚各 50 克,胡萝卜半根, 盐、香油、料酒各适量。

**做法:** ①山药、胡萝卜去皮, 洗净, 切成条, 放入沸水中焯烫; 虾仁洗净, 用料酒腌 20 分钟, 捞出; 豌豆荚洗净。②油锅烧热, 放入山药条、胡萝卜条、虾仁、豌豆荚同炒至熟, 加盐, 淋香油即可。

**营养功效:** 五彩山药虾仁中的蛋白质、维生素含量丰富, 能为身体提供全面的营养。其中山药是高膳食纤维食物, 饱腹感强, 有助于瘦身。

## 小贴士

虾仁不宜与含有鞣酸的水果同食, 如葡萄、石榴、山楂、柿子等。

# 柠香紫甘蓝沙拉 热量 277 千焦

**原料:** 紫甘蓝适量, 柠檬 1/2 个, 黑橄榄 4 个。

**酱汁:** 橄榄油 2 大勺, 薄荷叶 2 片, 黑胡椒、盐各适量。

**做法:** ① 紫甘蓝洗净, 切成细丝; 黑橄榄切半; 薄荷叶洗净, 切成碎末。②取一小碗, 放入橄榄油、黑胡椒和盐, 撒入薄荷叶末, 挤入柠檬汁, 搅拌均匀。③柠檬洗净, 切片, 放入盘中, 再放入紫甘蓝、黑橄榄, 倒入酱汁, 搅拌均匀即可。

**营养功效:** 紫甘蓝具有鲜艳的色泽, 营养价值高, 属于低热量高膳食纤维食物, 适合轻断食期间食用。

# 周二正常饮食 巧吃食物

在轻断食这段时期内，正常饮食时，我们可以适量减少热量的摄入，但这绝不仅是让你控制饮食量，而且还教你学会巧吃食物，如此既不会感到饿，又可以有效轻断食。

## 大米熬成粥，饱腹又低热量

将大米加水熬成粥后，粥中的水分通常能占到80%，而且水与淀粉结合后在消化道停留的时间长，可以帮助水分在体内停留更久，也更利于吸收。同其他主食相比，在吃下相同体积的食物时，选择喝粥摄入的热量相对较低，有利于控制整顿饭的总热量不超标，从而达到控制体重的效果。还可以在熬粥时加入蔬菜、杂粮甚至水果，都能使粥的营养更丰富，如冬瓜粥、玉米胡萝卜粥、什锦粥、红豆粥、豌豆粥、燕麦粥等。

## 有效摄入维生素，美容又瘦身

不同维生素对人体产生的作用不同。如：维生素 $B_1$ 可加速碳水化合物的代谢；维生素 $B_2$ 可促进脂肪的分解；维

## 一日三餐推荐

上午加餐以 10:00 左右为宜，加餐不推荐饼干。下午加餐以 15:00 左右为宜，如果不感到饿，可以不吃。晚餐以 18:00—18:30 为宜。

**1 930 千焦** 早餐 + **560 千焦** 加餐 + **2 000 千焦** 午餐

鸡蛋紫菜饼 355 千焦

红烧带鱼 733 千焦

生素 B$_6$ 有利于蛋白质的分解和氨基酸的合成；维生素 C 抗氧化性强，有美白、抗衰老的功效。保证维生素的摄入，可以消除饥饿感，帮助减肥瘦身的人更加轻松地减肥。

## 吃面食时，可做成汤面

看起来分量很多的汤面，热量其实比干面少许多，只要不放油，多用杂粮面，吃面也能够很"享瘦"。主张吃汤面时，记得多多地放青菜，若是肉汤，还要捞除上层浮油，当然，不喝汤更可以减少热量。若是清汤，少放面，边吃边喝，能增加饱腹感，减少热量的摄入。

**小贴士** **成功轻断食秘诀**

▸ **尽量不喝碳酸饮料**

碳酸饮料里面的热量和糖分都高得惊人，即使是标注为零卡路里的饮料可能不会直接让你增加体重，却因为其中加入的人工甜味剂会让你更加渴望甜食，从而削弱大脑对热量摄取的控制力。对减肥的人来说，高糖的不如低糖的，低糖的不如无糖的，所以，喝白水最好了。

▸ **肉煮七成再炒**

把肉煮到七成熟再切片炒，这样就不必为炒肉单独放一次油。炒菜时等到其他原料半熟时，再把肉片放进去，不用额外加入脂肪，一样很香，不影响味道。同时，肉里面的油在煮的时候又出来一部分，肉里面的脂肪总量也减少了。

---

### 轻断食期间避免高热量食物

高热量食物，包含巧克力、蛋糕、比萨、油饼、汉堡、薯条、炸鸡块和爆米花等。

巧克力　蛋糕　油条

+ **500 千焦** 加餐 + **1 000 千焦** 晚餐 = **5 990 千焦**

土豆虾仁沙拉　379 千焦

**晚餐不要吃太晚**

很多年轻人，习惯晚睡晚起，这就导致晚餐吃太晚，不但直接影响睡眠质量，增加胃肠负担，还容易诱发肥胖。

# 一日三餐食谱

我们应知道在控制每日摄入总热量的同时, 要保证摄入充足的蛋白质、维生素及膳食纤维等营养素, 保证营养均衡。不过需要注意的是, 土豆也相当于主食, 需要控制摄入量, 吃太多也是会长胖的。

**早餐搭配**

鸡蛋紫菜饼 + 脱脂牛奶 + 凉拌菜

## 早餐 鸡蛋紫菜饼 热量 355 千焦

**原料:** 紫菜 30 克, 鸡蛋 2 个, 面粉 50 克, 盐适量。

**做法:** ①紫菜泡软, 洗干净切碎, 与蛋黄、适量面粉、盐一起搅拌均匀。②锅里倒入适量油, 烧热, 将原料一勺一勺舀入锅, 用小火煎成两面金黄, 切小块即可。

**营养功效:** 鸡蛋紫菜饼咸香可口, 是一款低糖、体脂的主食, 而且紫菜富含钙、铁、碘, 营养更丰富。

## 午餐 红烧带鱼

**热量 733 千焦**

**原料：** 带鱼 1 条，葱、姜、蒜、醋、酱油、料酒、盐、淀粉、白糖各适量。

**做法：** ①将带鱼洗净，切成 5 厘米长的段；葱切段，姜、蒜切片。②锅中放油烧热，下入鱼，炸至两面呈浅黄色时捞出。③锅中余油倒出，留有少许，下入葱段、姜片、蒜片稍炒，加入料酒、酱油、白糖、醋、盐，倒水（以没过鱼为度），随即把鱼放入锅中，烧开，转小火慢炖，待鱼熟透，加淀粉汁收稠，盛入盘中，浇在鱼上即可。

**营养功效：** 带鱼含有一定量的不饱和脂肪酸、钾等，减肥时可适量食用。

### 午餐搭配

红烧带鱼 + 凉拌娃娃菜 + 荷叶饼

红烧带鱼 + 粉蒸茼蒿 + 紫米红豆饭

## 晚餐 土豆虾仁沙拉

**热量 379 千焦**

**原料：** 土豆 1 个，虾仁 3 只，罐头玉米粒 2 大勺，黄瓜 1/2 根，料酒 1 勺，酸奶 1 大勺，盐、胡椒碎各适量。

**做法：** ①虾仁先用料酒、胡椒碎、盐腌制片刻；将虾仁下锅煮熟，捞出沥干，备用。②腌制虾仁的同时，将土豆去皮，切成小块，上锅蒸熟，捣成泥状。③黄瓜洗净，切成小丁，放入土豆泥中，再放入罐头玉米粒、虾仁、酸奶和适量盐，搅拌均匀即可。

**营养功效：** 土豆是饱腹感较强的食物，而虾仁中蛋白质含量较高。此沙拉是轻断食期间不错的选择。

### 小贴士

虾仁提前腌制能够去腥提鲜，使之更入味；如果使用鲜虾，也可以不腌制，品味鲜虾仁的鲜味。

# 替换餐单

为了合理控制主食摄入量,可以在主食中加入蔬菜,或者是将原食材做成汤面和粥,这样可以减少碳水化合物摄入的总量,使饮食更营养均衡。

**套餐搭配**

土豆西蓝花饼 + 凉拌豆腐 + 白灼草菇油菜

土豆西蓝花饼 + 清炒苦瓜 + 芹菜豆腐丝

# 土豆西蓝花饼 热量 485 千焦

**原料:** 土豆、西蓝花各 50 克,面粉 100 克,牛奶 50 毫升。

**做法:** ①土豆去皮,切丝;西蓝花洗净,焯烫,切碎。②将土豆丝、西蓝花碎、面粉、牛奶放在一起搅匀。③将搅拌好的面粉糊倒入烤盘中,用烤箱烤制成饼即可。

**营养功效:** 土豆含有丰富的膳食纤维,可以通便排毒;西蓝花热量低,清肠和排毒的功效明显,还能有效降低血液中的胆固醇,防止肥胖。

# 芹菜拌花生 热量 267 千焦

**原料：**芹菜 250 克，花生仁 50 克，醋、盐各适量。

**做法：**①花生仁洗净，泡涨后，加适量水煮熟。②芹菜洗净，切成小段，放入开水中焯熟。③将花生仁、芹菜段放入碗中，加醋、盐搅拌均匀即可。

**营养功效：**此菜品营养爽口，富含膳食纤维，增加饱腹感，有利于瘦身减肥。

# 南瓜葵花子粥 热量 628 千焦

**原料：**南瓜 50 克，熟葵花子 30 克，大米 100 克。

**做法：**①南瓜去皮、洗净，切小块；大米洗净，浸泡 30 分钟。②锅置火上，放入大米、南瓜块和适量水，大火烧沸后，改小火熬煮。③待粥快煮熟时，放入葵花子，搅拌均匀即可。

**营养功效：**此粥含有不饱和脂肪酸，能够补充体力。

# 芥蓝腰果炒香菇 热量 523 千焦

**原料：**芥蓝 150 克，香菇 4 朵，腰果、枸杞子、盐各适量。

**做法：**①芥蓝去皮洗净，切片；香菇洗净后切片；腰果、枸杞子洗净沥水。②油锅烧热，小火放入腰果炸至变色捞出。③另起油锅烧热，煸炒香菇片，炒至水干，加入芥蓝片翻炒至熟，再加入腰果、枸杞子和盐翻炒均匀即可。

**营养功效：**此菜品含蛋白质、优质脂肪，颜色鲜亮，营养不增重。

# 海带鸡蛋卷 热量 368 千焦

**原料：** 海带 100 克，鸡蛋 2 个，生抽、醋、花椒油、香油、盐、各适量。

**做法：** ①将海带洗净，切长条；鸡蛋摊成蛋皮，切成与海带条差不多大小的尺寸。②锅内加清水、盐烧开，放海带条煮 10 分钟后过凉水。③海带条摊平，铺上蛋皮，沿边卷起，用牙签固定。④香油、醋、生抽、花椒油调成汁，佐汁同食即可。

**营养功效：** 鸡蛋含有优质蛋白，能为身体补充蛋白质，海带含有大量不饱和脂肪酸及膳食纤维，可帮助排毒瘦身。

# 芝麻茼蒿 热量 209 千焦

**原料：** 茼蒿 200 克，黑芝麻、香油、盐各适量。

**做法：** ①茼蒿洗净，切段，用开水略焯。②油锅烧热，放入黑芝麻过油，迅速捞出。③将黑芝麻撒在茼蒿段上，加适量香油、盐搅拌均匀即可。

**营养功效：** 茼蒿含有大量的胡萝卜素，对眼睛很有好处，还有养心安神、稳定情绪的功效，因其热量很低，能有效控制体重。

### 小贴士

茼蒿烹调时应大火快炒，减少营养物质流失。

# 红烧冬瓜面 热量 519 千焦

**原料：** 面条 100 克，冬瓜 80 克，油菜 20 克，生抽、醋、盐、香油、姜末各适量。

**做法：** ①冬瓜洗净，切片；油菜洗净，掰开。②油锅烧热，煸香姜末，放入冬瓜片翻炒，加生抽和适量清水稍煮。③待冬瓜片煮熟透，加醋和盐，即可出锅。④面条和油菜一起煮熟，把煮好的冬瓜片连汤一起浇在面条上，再淋点香油。

**营养功效：** 红烧冬瓜面清淡爽口，易于消化。冬瓜的利水功效很强，可以预防和缓解水肿症状，且冬瓜的热量极低，在享受美味的同时不用担心长胖。

# 香椿苗拌核桃仁 热量 502 千焦

**原料：** 核桃仁 20 克，香椿苗 150 克，盐、醋各适量。

**做法：** ①香椿苗择好，洗净滤干水分；核桃仁用温开水浸泡后，去皮备用。②将香椿苗、核桃仁、醋、盐拌匀即可。如果想吃辣味的可以淋入少许辣椒油。

**营养功效：** 香椿苗拌核桃仁清爽适口，香椿苗富含的维生素和膳食纤维以及核桃仁富含的油脂都可以有效地帮助润肠通便，用凉拌的方式热量更低，营养不增重。

## 小贴士

核桃仁所含的脂肪，虽然多是有利于清除胆固醇的不饱和脂肪酸，但脂肪本身具有很高的热量，不可食用过多。

# 三丁豆腐羹 热量 355 千焦

**原料:** 豆腐 300 克, 鸡胸肉、番茄、豌豆各 50 克, 盐适量。

**做法:** ①将豆腐切成小块, 在开水中煮 1 分钟。②将鸡胸肉洗净, 番茄洗净、去皮, 分别切成小丁。③将豆腐块、鸡肉丁、番茄丁、豌豆放入锅中, 大火煮沸后, 转小火煮 20 分钟。④出锅时加入盐即可。

**营养功效:** 此菜品含丰富的蛋白质、钙和维生素 C, 可增强体力, 补充营养。

# 肉末炒芹菜 热量 234 千焦

**原料:** 猪瘦肉 100 克, 芹菜 200 克, 酱油、料酒、葱花、姜末、盐各适量。

**做法:** ①将猪瘦肉洗净, 切成末, 然后用酱油、料酒调汁腌制; 芹菜择洗干净, 切丁。②油锅烧热, 先下葱花、姜末煸炒, 再下肉末大火快炒, 放入芹菜丁, 炒至熟。③烹入酱油和料酒, 加盐调味即可。

**营养功效:** 芹菜有安定情绪的功效, 热量低且富含膳食纤维, 可促进肠道蠕动, 利于排便减肥。

## 小贴士

豆腐不宜与菠菜一起烹调, 会生成容易形成结石的草酸钙。

## 套餐搭配

肉末炒芹菜 + 鸡蛋菜花沙拉 + 全麦煎饼

# 宫保素三丁 热量 372千焦

**原料：** 土豆200克，红椒、黄椒、黄瓜各100克，花生50克，葱末、白糖、盐、香油、水淀粉各适量。

**做法：** ①将花生过油炒熟；其余食材洗净，切丁。②油锅烧热，煸香葱末，放入所有食材大火快炒，加白糖、盐调味，用水淀粉勾芡，最后淋香油即可出锅。

**营养功效：** 宫保素三丁含碳水化合物、多种维生素、膳食纤维等多种营养素，可适量食用。

# 玉米鸡丝粥 热量 184千焦

**原料：** 鸡肉、大米、玉米粒各50克，芹菜20克，盐适量。

**做法：** ①将大米、玉米粒洗净；芹菜洗净，切丁；鸡肉洗净，煮熟后捞出，撕成丝。②大米、玉米粒、芹菜丁放入锅中，加适量清水，煮至快熟时加入鸡丝，煮熟后加盐调味即可。

**营养功效：** 玉米鸡丝粥富含多种营养素，且热量不高，有祛湿解毒、润肠通便的功效，清香的口感还能帮助缓解紧张感。

**套餐搭配**

宫保素三丁 + 豆干拌小菜 + 红豆饭

宫保素三丁 + 水煮茼蒿 + 麦胚杂粮饭

**套餐搭配**

玉米鸡丝粥 + 全麦蔬菜包子 + 蒜泥茄子

# 周三轻断食日 低热量饮食

　　轻断食日到了，尽管你可能做足了充分的思想准备，生理上也可能会稍微不适应，但要相信自己一定能做到。如果感到饿了可以选择做点不一样的事：喝茶、和朋友聊聊天、去散步、跑步、洗个澡……请相信执行几周之后，饥饿感会自然减弱。

## 轻断食日一天的热量标准

　　女性轻断食日要求摄入食物的热量不超过2 095千焦，男性摄入食物的热量不超过2 514千焦。你可以一日三餐，也可以在三餐的基础上加两餐，还可以只吃早餐和午餐，只要在规定的热量内即可。以下我们将给出不同的食谱，你可以根据自己的情况做出合适的选择。

## 掌握吃肉技巧，吃肉不长肉

　　轻断食日并非不能吃肉，谨记以下准则，教你吃肉不长肉：

　　1.拒绝过度加工过的肉，建议买纯天然无添加的肉自己烹饪。

　　2.选择蛋白质含量相对高一些、脂肪含量低一些的肉类，如油脂较少的瘦肉、牛肉、鱼肉、鸡胸脯肉等。

## 一日三餐推荐

　　轻断食日你可以根据自己的作息时间，灵活选择用餐次数，我们这里提供的热量仅供参考，具体情况因人而异。

**650 千焦** 早餐 + **84 千焦** 加餐 + **970 千焦** 午餐

凉拌白萝卜丝　67 千焦

水炒鸡蛋　196 千焦

3.拒绝油炸的烹调方式，尽可能地选用蒸、煮、炖、拌的烹调方式。

4.吃肉不过量，肉摄入量应该小于总摄入食物的四分之一。

## 轻断食日甜食并非一点也不能吃

轻断食期间并不是一点甜食都不能吃。甜食除了可以用糖调味，还可以用甜味剂调味，它的热量比食用糖低很多。你也可以吃些热量不太高的水果蔬菜。

可以吃的甜食：苹果、香蕉等水果；南瓜、胡萝卜等蔬菜，虽然它们含有葡萄糖、果糖，会产生些许热量，但它们富含维生素、矿物质、膳食纤维，在轻断食期间是可以吃的。

**小贴士 成功轻断食秘诀**

➤ 轻断食时凉拌蔬果有技巧

有的朋友认为，很多蔬菜和水果表面留有农药，所以轻断食吃凉拌蔬果很不放心。其实这个想法是错误的，残留农药的多少，和烹调方法没多大关系，果蔬表面残留的农药也不是高温能解决的。食品安全专家建议，果蔬要用流水仔细清洗，并浸泡20分钟，有皮的尽量去皮。为了避免其中的营养流失，大部分果蔬最好先洗再切。如果可以直接凉拌，就用纯净水再冲洗一次后调味；需要焯水再凉拌的蔬菜，要掌握好焯水的火候和速度。除了先洗后切、快速焯水的方法，凉拌时还可以放些醋来减少维生素的流失。

## 轻断食配合慢运动效果更佳

轻断食日本身摄取的热量较少，如果再做些慢运动效果更佳。

 瑜伽　 慢跑　 散步

＋ **84千焦** 加餐＋ **300千焦** 晚餐＝ **2 088千焦**

海米冬瓜 151千焦

**做汤小技巧**
汤品尽量在喝前调味，这样可以节约因熬煮而挥发掉的调味料，保证汤品的原汁原味，也有利于健康。

# 一日三餐食谱

　　轻断食也要遵循营养均衡，在不影响正常工作生活的原则下，食物以低碳水化合物、高蛋白、高维生素为主，可以吃少量主食，适量吃鱼肉以及蔬菜、水果、坚果等。

**早餐搭配**

凉拌白萝卜丝＋无糖豆浆

## 早餐 凉拌白萝卜丝 [热量 67 千焦]

**原料：** 白萝卜 1/2 根，生抽、姜、盐、醋各适量。

**做法：** ①取白萝卜1/2根，去皮，洗净，切成丝；姜切末。②适量盐、姜末放入白萝卜丝中，搅拌均匀，腌制约30分钟。③腌好的白萝卜丝中加入生抽、醋各适量，搅拌均匀，取约100克食用即可。

**营养功效：** 白萝卜热量低，它含有丰富的芥子油、胆碱物质和膳食纤维。其中的芥子油能促进脂类食物的新陈代谢，胆碱物质可以帮助消化、促进脂肪的分解。

## 午餐 水炒鸡蛋 [热量 196 千焦]

**原料：**鸡蛋1个，虾皮、盐、葱花、料酒各适量。

**做法：**①鸡蛋打成蛋液，放入葱花、料酒搅拌均匀。②锅内加水，水和蛋液的比例为1：1，水中放入虾皮、盐各适量。③水烧开，倒入蛋液，待蛋液成形，慢慢推动、搅拌，最后收汁即可。

**营养功效：**鸡蛋的营养很全面，含有丰富的优质蛋白质和卵磷脂。轻断食餐中，搭配1个鸡蛋，就能满足身体大部分的营养需要，能保证吃得少又不缺营养。

**午餐搭配**
水炒鸡蛋 + 全麦吐司 + 无糖豆浆

## 晚餐 海米冬瓜 [热量 151 千焦]

**原料：**冬瓜200克，海米、料酒、盐各适量。

**做法：**①冬瓜去皮去子，切成0.5厘米厚的片；海米用半碗温水泡软。②锅内加入冬瓜片翻炒至出水。③海米及泡发海米的水一起倒入锅中，加料酒、盐大火烧开，转中小火焖5分钟左右，大火收汁即可。

**营养功效：**冬瓜中含有丙醇二酸，对防止人体发胖、保持形体健美有很好的作用；而海米营养丰富，富含钙、磷等微量元素，蛋白质含量也很高。

**晚餐搭配**
海米冬瓜 + 火龙果 + 黑豆豆浆

## 替换餐单

　　轻断食餐可以灵活调整，每餐要有多种食物。因为轻断食热量的摄入比平时减少，所以3种食物比较常见，蔬菜和主食几乎是每天必备的，水果和肉蛋类可以有所选择。

**套餐搭配**

粳米燕麦粥 + 黄瓜 + 煮鸡蛋

# 粳米燕麦粥 热量 239 千焦

**原料：** 粳米 1/2 勺，燕麦 1 勺。

**做法：** ①取粳米 1/2 勺、燕麦 1 勺洗净，用水浸泡 30~60 分钟。②泡好的粳米、燕麦入锅，加足量的水，大火烧开。③转中小火煮粥，待粥煮得很浓稠时即可出锅。

**营养功效：** 燕麦含丰富的膳食纤维，能促消化。此外，燕麦中还含有丰富的矿物质和多种维生素，而且燕麦粥的饱腹指数较高，是轻断食的好选择。

# 凉拌莴笋 热量 75 千焦

**原料：** 莴笋 200 克，盐、醋各适量。

**做法：** ①莴笋去皮，清洗干净，切成丝。②切好的莴笋丝放入热水中焯约 1 分钟，捞出沥干水分。③加入盐、醋，拌匀即可。

**营养功效：** 莴笋富含烟酸，能促进消化系统的健康，使皮肤更好。

# 五谷粥 热量 138 千焦

**原料：** 黑米 3 勺，粳米 2 勺，薏米 1 勺，糙米 2 勺，燕麦 2 勺。

**做法：** ①将所有米洗净，用凉水浸泡30~60 分钟。②锅中倒入凉水，将浸泡好的五谷放入锅内，大火烧开。③小火熬煮30 分钟，至谷物成粥状即可。

**营养功效：** 此粥含有丰富的矿物质，可促进新陈代谢。

**营养功效：** 西蓝花容易产生饱腹感，有助于减少食量，控制体重。

# 凉拌西蓝花 热量 122 千焦

**原料：** 西蓝花 200 克，蒜、盐、生抽、香油各适量。

**做法：** ①西蓝花掰成小朵，洗净，用热水焯烫 3 分钟；蒜切末。②焯烫好的西蓝花捞出过凉水，以保持脆爽的口感。③加入蒜末碎拌匀，再依个人口味加入适量盐、生抽、香油调味即可。

# 彩椒牛肉丝 热量 616 千焦

**原料:** 红椒、黄椒、青椒各 50 克, 牛里脊肉 100 克, 鸡蛋、料酒、淀粉、姜丝、酱油、高汤、盐各适量。

**做法:** ①鸡蛋磕开, 取蛋清; 牛里脊肉洗净, 切丝, 加盐、蛋清、料酒、淀粉搅拌均匀。②红椒、黄椒、青椒洗净, 切丝; 酱油、高汤、淀粉调成芡汁。③油锅烧热, 下红椒丝、黄椒丝、青椒丝炒至断生, 备用。④牛里脊肉丝下油锅中炒散, 放入红椒丝、黄椒丝、青椒丝、姜丝炒香, 倒入芡汁, 翻炒均匀即可。

**营养功效:** 青椒是维生素 C 含量非常高的蔬菜之一, 牛肉富含蛋白质和血红素铁, 能提高机体抗病能力。

# 菠菜炒牛肉 热量 436 千焦

**原料:** 牛里脊肉 50 克, 菠菜 200 克, 盐、淀粉、酱油、料酒、葱末、姜末各适量。

**做法:** ①牛里脊肉切薄片, 加淀粉、酱油、料酒、姜末腌 10 分钟左右。②菠菜洗净后焯水, 切段。③油锅烧热, 放姜末、葱末煸炒, 放牛里脊肉片、菠菜段, 大火快炒至熟, 放盐即可。

**营养功效:** 牛肉含丰富的维生素和蛋白质, 而菠菜能促进人体吸收, 营养价值较高。

### ✤ 套餐搭配

糙米燕麦 + 菠菜炒牛肉 + 猕猴桃

# 茶树菇烧豆腐 热量 251 千焦

**原料：**茶树菇 100 克，豆腐 100 克，盐、酱油、彩椒丝各适量。

**做法：**①茶树菇去蒂，焯烫洗净；豆腐切块。②锅内淋 3~5 滴植物油，用小刷子或厨房纸巾将油均匀地涂在锅壁上，放入茶树菇翻炒，再加入豆腐块，加适量水和盐，大火烧开。③转中火烧 5 分钟，豆腐块不要翻炒，轻推即可，水快要收干时，加入酱油调味，出锅点缀彩椒丝。

**营养功效：**茶树菇营养丰富，含有多种氨基酸，以及丰富的钙、磷、钾等物质，而且脂肪较少，可滋补强身。而且，茶树菇的钾和纤维含量较高，对于缓解水肿和便秘有帮助。

# 冬笋拌豆芽 热量 175 千焦

**原料：**冬笋 150 克，黄豆芽 100 克，火腿 25 克，香油、盐各适量。

**做法：**1.黄豆芽洗净，余烫后过冷水沥干；冬笋洗净，切成细丝，余烫后过冷水沥干；火腿切丝。2.将冬笋丝、黄豆芽、火腿丝一同放入盘内，加盐、香油，搅拌均匀即可。

**营养功效：**冬笋拌豆芽是一道热量较低的凉拌菜，清脆爽口，含有叶酸、维生素和膳食纤维，对调节血糖和控制体重都很有帮助。

**套餐搭配**

冬笋拌豆芽 + 虎皮青椒 + 卤鹌鹑蛋

# 凉拌油菜 [热量 59 千焦]

**原料:** 油菜 100 克, 盐、生抽各适量。

**做法:** ①取油菜一小把, 择洗干净。②将油菜放入沸水中焯熟 (不要焯得太软, 防止营养流失), 滤干水分后装盘。③加入适量盐、生抽, 拌匀调味即可。

**营养功效:** 油菜含有丰富的膳食纤维, 一方面, 能与食物中的胆固醇及甘油三酯结合, 并从粪便排出, 减少身体对脂肪的吸收; 另一方面, 能够促进肠胃的蠕动, 缩短粪便在肠腔停留的时间, 调整身体的排毒机制, 有润肤作用。

# 清蒸黄鱼 [热量 377 千焦]

**原料:** 黄鱼 1 条, 姜、葱、红椒、盐、料酒、酱油各适量。

**做法:** ①处理好的黄鱼洗净, 划两刀, 放入盘中; 姜、葱、红椒切丝。②姜丝、葱丝、红椒丝放鱼身上, 加盐、料酒、酱油腌制约 10 分钟。③蒸锅加水, 将鱼盘放入锅中, 盖锅大火蒸 15 分钟即可。

**营养功效:** 黄鱼含有丰富的蛋白质和维生素, 有很好的补益作用。此外, 黄鱼还能清除人体代谢产生的自由基。

**套餐搭配**

清蒸黄鱼 + 黑米饭 + 清炒西蓝花 + 绿豆芽汤

# 青瓜寿司 热量 230 千焦

**原料：**青瓜（黄瓜）200 克，酸乳酪、米饭、紫菜、盐、醋各适量。

**做法：**①刚煮熟的米饭趁热拌入适量盐、醋调味，摊开米饭，凉凉；青瓜洗净，竖着切成 4 条，长度与紫菜相同。②将紫菜铺在寿司席上，铺上厚约 1 厘米的米饭，不要铺满，两端分别留下约 2 厘米。在米饭的一端涂上酸乳酪，放上青瓜条。③卷起寿司席，把紫菜卷成寿司，压实，切成段即可。

**营养功效：**黄瓜含有丰富的水分，具有解渴、清热的作用。此外，黄瓜中还含有丰富的碳水化合物、维生素 $B_2$ 和维生素 C，营养价值非常高。

# 豆苗鸡肝汤 热量 184 千焦

**原料：**嫩豆苗 30 克，鸡肝 100 克，姜末、料酒、盐、香油、鸡汤各适量。

**做法：**①鸡肝洗净，切片，用料酒腌制，放入开水中氽烫，捞出沥干；嫩豆苗择洗干净。②锅置火上，倒入鸡汤，烧开后放入鸡肝片、豆苗、姜末，加入料酒、盐烧沸，最后淋上香油即可。

**营养功效：**豆苗含 B 族维生素、维生素 C 和胡萝卜素，有利尿消肿、助消化的作用。适合想要控制体重的人食用。

# 周四正常饮食复食需谨慎

　　刚刚经历了断食日，进入断食周第4天了，一定要记住，千万别因为自己轻断食了1天，就想狠狠地补回来，刚复食就吃大鱼大肉。那样会导致胃在短时间内，就容易出现饱胀感，而且吃进食物的热量也会很高，影响轻断食的效果。

## 补充B族维生素有讲究

　　B族维生素必须每天补充，因为B族维生素属水溶性维生素，多余的B族维生素不会贮藏于体内，会被完全排出体外。为了防止B族维生素大量流失，还应避免过分焖、煎、炸、煲等烹调手段。B族维生素不可过量，比如烟酸过量就会出现口腔溃疡和肝脏受损的症状。减

肥期间若保证了从食物中摄取足够的B族维生素，则不必再服用B族维生素药剂了，当心过犹不及。

## 怎样减少蔬菜中维生素C的流失

　　维生素C在接近80℃时就会被破坏，也就不能被机体所用了。正确烹饪蔬菜的方法是汤滚后下菜或者用带油

## 一日三餐推荐

　　荞麦含有丰富的维生素E和可溶性膳食纤维，其中的镁能促进人体纤维蛋白溶解，使血管扩张，加速机体新陈代谢，也有利于降低血清胆固醇。

**1 680 千焦**　早餐 +　**430 千焦**　加餐 +　**2 640 千焦**　午餐

香菇荞麦粥　362 千焦

柠檬煎鳕鱼　523 千焦

的热汤烫菜。针对维生素C含量高的、适合生吃的蔬菜尽可能凉拌吃或者在沸水中焯烫后凉拌。很多人认为的既能补充维生素C，又能美白祛斑的柠檬水，也要注意不用开水直接泡柠檬喝，否则效果会不明显。

## 膳食纤维并非多多益善

若突然在短期内由低纤维膳食转变为高纤维膳食，可能导致一系列消化道不耐受反应，如胃肠胀气、腹泻、腹痛等，并会影响钙、铁、锌等元素的吸收，降低蛋白质的消化吸收率，还会影响脂肪的正常吸收，不利于减肥。

**小贴士** **成功轻断食秘诀**

▶ **辛辣食物不可多食**

有报道称辣椒含有辣椒素，可以燃烧脂肪，能起到减肥作用。但是，多吃辛辣食物反而对胃肠道功能有不良影响，还会增加对胃黏膜的刺激，容易引起胃出血。而且吃太多刺激性食物会令皮肤变得粗糙，容易长暗疮，绝对会得不偿失。

▶ **选对食物，改善焦虑**

减肥最开始因为改变以往的饮食习惯，很容易让人产生焦虑的心情，这时不妨多摄取富含B族维生素、维生素C、镁、锌的食物，比如：深海鱼、鸡蛋、牛奶、空心菜、菠菜、番茄、豌豆、红豆、香蕉、梨、葡萄柚、木瓜、香瓜、坚果类和谷类等。

## 轻断食期间宜吃肉类排序

轻断食期间是需要补充优质蛋白质的，建议摄入适量的肉类，右边排序为佳：

 鱼肉　 鸡肉　 牛肉

+ **280 千焦**　加餐 + **1 110 千焦**　晚餐 = **6 140 千焦**

金枪鱼蔬菜沙拉　297 千焦

**蔬菜焯水不宜过久**

多数蔬菜中都含有草酸，会影响其他营养物质的吸收，所以在烹饪前要焯水。为了尽可能保留蔬菜中其他的营养物质，焯水的时间不宜过长。

# 一日三餐食谱

　　维生素是维持身体健康所必须的一类有机化合物。B 族维生素多存在于谷类和动物性食物中，如小米、大米、动物肝脏等；维生素 C 广泛存在于蔬果中；而维生素 D 多存在于动物性食物中，尤其是动物肝脏中。吃好维生素，有利于打造曼妙身姿。

**早餐搭配**

香菇荞麦粥 + 香菜拌黄豆 + 菠菜炒鸡蛋

香菇荞麦粥 + 猪肝拌黄瓜 + 芦笋番茄

**早餐** **香菇荞麦粥** 热量 362 千焦

**原料：** 大米 200 克，荞麦 50 克，干香菇 2 朵。

**做法：** ①干香菇泡开，切成细丝。②大米和荞麦淘洗干净，放入锅中，加适量水，开大火煮。③沸腾后放入香菇丝，转小火，慢慢熬制成粥。

**营养功效：** 荞麦能增强饱腹感，而且荞麦热量较低，不用担心长胖；香菇中的维生素 D，被人体吸收后，还可以增强人体抗病能力。

## 午餐 柠檬煎鳕鱼 热量 523 千焦

**原料:** 鳕鱼肉 200 克, 柠檬 1 个, 鸡蛋清、盐、水淀粉各适量。

**做法:** ①将鳕鱼肉洗净, 切块, 加入盐腌制片刻, 挤入适量柠檬汁。②将腌制好的鳕鱼块裹上蛋清和水淀粉。③油锅烧热, 放入鳕鱼块煎至两面金黄即可出锅装盘。

**营养功效:** 鳕鱼是深海鱼类, 属于低脂肪、高蛋白食物, 加入适量的柠檬汁, 能有效去腥, 二者搭配, 美味又营养, 还可以较好地控制体重。

**午餐搭配**

柠檬煎鳕鱼 + 香菇炒菜花 + 荞麦凉面

## 晚餐 金枪鱼蔬菜沙拉 热量 297 千焦

**原料:** 水浸金枪鱼、圣女果、玉米粒各 50 克, 生菜 50 克, 自制沙拉酱适量。

**做法:** ①水浸金枪鱼沥干; 玉米粒煮熟, 沥干; 圣女果切成小块; 生菜撕成大片。②最后将金枪鱼、玉米粒、圣女果块和生菜与自制沙拉酱搅拌, 装盘即可。

**营养功效:** 金枪鱼是深海鱼类, 是一种不可多得的高蛋白、低脂肪的健康食物。金枪鱼含有丰富的鱼油, 能补充维生素 D, 有助于钙质吸收, 与蔬菜制作成沙拉, 低热又饱腹, 很适合作为晚餐食用。

**午餐搭配**

金枪鱼蔬菜沙拉 + 全麦面包 + 牛奶

## 替换餐单

现代人普遍有食盐摄入过量的问题，应该严格控制食盐的摄入量，每日 6 克即可，平时热爱运动的人因为排汗较多，摄入盐分可以适量增加。

**套餐搭配**

肉蛋羹 + 蒜泥拍黄瓜 +
菠菜饼

肉蛋羹 + 蔬菜拌鸡丝 +
油菜包子

# 肉蛋羹 热量 272 千焦

**原料：** 猪里脊肉 60 克，鸡蛋 1 个，香菜、盐、香油各适量。

**做法：** ①猪里脊肉洗净，剁成泥。②鸡蛋打入碗中，加入和鸡蛋液一样多的凉开水，加入肉泥，放少许盐，朝一个方向搅匀，上锅蒸 15 分钟。③出锅后，淋上香油，撒上适量香菜即可。

**营养功效：** 肉蛋羹有利于消化吸收，常吃可以补充营养，且易饱腹。不油炸、少盐的做法有利于控制体重。

营养功效：麻酱素什锦口感凉爽清脆，营养不增重。

# 麻酱素什锦 热量 255千焦

原料：白萝卜、圆白菜、黄瓜、生菜、白菜各50克，芝麻酱30克，盐、酱油、醋、糖各适量。

做法：①将准备好的所有蔬菜择洗干净，均切成细丝，用凉开水浸泡，捞出沥干，放入大碗中。②取适量芝麻酱，加凉开水搅开，再加盐、酱油、醋、糖搅匀，最后淋在蔬菜上即可。

# 玉米牛蒡排骨汤 热量 268千焦

原料：新鲜玉米2段，排骨100克，牛蒡、胡萝卜各半根，盐适量。

做法：①排骨洗净，斩段，氽烫去血沫，洗干净。②胡萝卜洗净，去皮，切块；牛蒡去皮，切小段。③把排骨、牛蒡段、胡萝卜块、玉米段放入锅中，加清水，煮开，转小火至排骨熟透，出锅加盐调味即可。

营养功效：此菜品有强壮筋骨、增强体力、养生保健的功效。

营养功效：豆腐和虾皮的含钙量高，且营养丰富，是补钙的佳品。

# 紫菜虾皮豆腐汤 热量 159千焦

原料：豆腐100克，虾皮、紫菜各10克，酱油、盐、白糖、姜末、淀粉各适量。

做法：①豆腐切块，入沸水焯烫；虾皮洗净。②油锅烧热，放入姜末、虾皮爆出香味。③倒入豆腐块，加酱油、白糖、盐、适量水后烧沸，放入紫菜，最后用淀粉勾芡即可。

# 草菇烧芋圆 热量 577 千焦

**原料：** 芋头 120 克，鸡蛋 2 个，草菇 150 克，面粉、面包糠、酱油、盐、葱花各适量。

**做法：** ①芋头去皮洗净，煮熟捣烂；鸡蛋磕入碗中，搅匀；草菇洗净，切块。②将芋泥与面粉混合，做成丸子，裹上鸡蛋液，蘸面包糠，放入空气炸锅中炸至金黄色。③锅洗净，倒油烧热，加入芋圆与草菇块，倒入适量水，加酱油、盐，撒葱花炖煮至熟。

**营养功效：** 草菇富含维生素 C，能促进新陈代谢，促进脂肪燃烧，而芋头能促进消化。

# 三色肝末 热量 356 千焦

**原料：** 猪肝、番茄各 100 克，胡萝卜半根，洋葱半个，菠菜 20 克，肉汤、盐各适量。

**做法：** ①将猪肝、胡萝卜分别洗净，切碎；洋葱剥去外皮切碎；番茄切丁；菠菜择洗干净，用开水烫过后切碎。②分别将切碎的猪肝、洋葱、胡萝卜放入锅内并加入肉汤煮熟，再加入番茄丁、菠菜碎、盐，煮熟即可。

**营养功效：** 三色肝末清香可口，明目功效显著；洋葱可补充硒元素，食用此菜品不用担心会体重飙升。

〜〜〜**套餐搭配**

三色肝末 + 清炒时蔬 + 糊塌子

# 番茄鸡蛋汤面 热量 411 千焦

**原料:** 鸡蛋 1 个, 番茄 1 个, 面条 100 克, 葱、盐各适量。

**做法:** ①番茄洗净, 顶部划十字刀, 用开水烫一下, 去皮, 切成小块; 葱切末; 鸡蛋打散备用。②锅内放油, 油热后放入葱花煸香, 再放入番茄块煸炒, 将番茄煸炒出红油, 放入盐, 放入适量的水。③水开后, 放入面条, 面条煮至变半透明时放入打散的鸡蛋即可。

**营养功效:** 番茄鸡蛋面食用后易于消化, 其热量适中, 是一道美味的瘦身营养餐。如果煮面时少放面条, 加入一些蔬菜, 热量会更低, 更有利于减肥。

# 土豆拌海带丝 热量 309 千焦

**原料:** 鲜海带 150 克, 土豆 300 克, 大蒜、酱油、醋、盐、辣椒, 各适量。

**做法:** 1. 大蒜去皮洗净斩剁成末; 土豆洗净去皮后切成丝, 放入沸水锅中焯一下; 海带用水泡开洗净后切成丝。2. 蒜末、酱油、醋、盐和辣椒油同放一碗内调成味汁, 浇入土豆丝和海带丝中, 拌匀即成。

**营养功效:** 土豆中含有一定量的锌, 且具有降糖降脂的功效。

### 🍂🍃套餐搭配

山药竹笋汤 + 冬瓜蜂蜜汁 ( 蜂蜜 2 勺 )+ 卤鹌鹑蛋

# 双鲜拌金针菇 <small>热量 280 千焦</small>

**原料:** 金针菇 100 克, 鲜鱿鱼 50 克, 熟鸡胸肉 50 克, 葱花、姜、盐适量。

**做法:** ①金针菇洗净, 去根, 入沸水锅中焯熟后捞出; 姜切片。②将鲜鱿鱼洗净、去外膜, 切成细丝, 与姜片一并下沸水锅汆熟, 捞起, 拣去姜片, 放入金针菇碗内。③将熟鸡胸肉切成细丝, 下沸水锅汆热, 捞出后沥去水, 放入同一碗内。④往碗内加盐拌匀装盘, 点缀葱花即可。

**营养功效:** 金针菇有低热量、高蛋白、低脂肪的特点, 食用可以降低胆固醇、抵抗疲劳, 但鱿鱼热量比较高, 凉拌时可以减少鱿鱼的量。

# 奶香菜花 <small>热量 222 千焦</small>

**原料:** 菜花 300 克, 牛奶 125 毫升, 胡萝卜 1/4 根, 玉米粒、豌豆各 50 克, 盐适量。

**做法:** ①菜花掰小朵, 洗净; 胡萝卜洗净, 切丁; 菜花和胡萝卜煮至六成熟, 捞出。②油锅烧热, 倒入菜花翻炒, 加入胡萝卜丁和玉米粒。③最后加牛奶、豌豆翻炒至熟, 加盐调味即可。

**营养功效:** 奶香菜花富含抗氧化物质、叶酸和膳食纤维, 适合想要瘦身的人食用, 滋补身体又不会增重过多。

# 烤鱼青菜饭团 热量 498 千焦

**原料：** 米饭 100 克，熟鳗鱼肉( 鳗鱼肉用微波炉烤脆而成 )150 克，青菜叶 50 克，盐适量。

**做法：** ①将熟鳗鱼肉用盐抹匀，切末；青菜叶洗净切丝。②青菜丝、熟鳗鱼肉末拌入米饭中。③取适量米饭，根据喜好捏成各种形状的饭团。④平底锅放适量油烧热，将捏好的饭团稍煎即可。

**营养功效：** 烤鱼青菜饭团包含主食、肉类和蔬菜，富含蛋白质、脂肪、钙、磷等营养素，是一款营养不长肉的美味佳肴。

# 珍珠三鲜汤 热量 234 千焦

**原料：** 鸡胸肉、胡萝卜、豌豆各 50 克，番茄 100 克，鸡蛋清、盐、淀粉各适量。

**做法：** ①豌豆洗净；胡萝卜、番茄切丁；鸡胸肉洗净剁成肉泥。②把鸡蛋清、鸡肉泥、淀粉放在一起搅拌，捏成丸子。③锅中加水，加入所有食材煮熟，加盐调味即可。

**营养功效：** 三鲜汤食材丰富，营养均衡，鸡肉中含有多种氨基酸，豌豆富含维生素 $B_1$，与富含维生素 C 的番茄同食，饱腹又瘦身。

# 周五正常饮食 适当减少热量

　　明天又到了轻断食日了，你做好准备了吗？如果今天适当地减少饮食量，明天轻断食日可能就会好过一些，同时请保持愉悦的心情，要坚定自己的选择，这也是轻断食成功的要素。

## 轻断食日前 1 天少吃点，效果更好

　　轻断食日前 1 天，不要吃得太油腻，最好吃些清淡、易消化的食物，可根据轻断食日的食谱，在前几天的基础上，少吃一些，使轻断食更容易，效果更明显。减少食物时，可以每类都减少一点，如每餐主食少一点，瘦肉类或豆制品减少一点，油腻的食物、甜食尽量不吃，不要喝酒。

## 合理地补充蛋白质，减脂效果翻倍

　　蛋白质水解后的物质有利于水分代谢，而且，蛋白质的分子质量比较大，可以维持较长时间的饱腹感，因此多吃含蛋白质的食物，对于控制饮食的摄入量有很大帮助。此外要注意，吃高蛋白食物后不要急于饮茶，否则茶叶中的鞣酸会与蛋白质结合而生成鞣酸蛋白，从而抑制肠道蠕动，容易诱发便秘。

## 一日三餐推荐

　　蛋白质的主要来源是肉类、蛋类、奶类和豆类食品，一般而言，来自于动物的蛋白质有较高的品质，含有充足的氨基酸。

**1 920 千焦** 早餐 + **400 千焦** 加餐 + **2 000 千焦** 午餐

西蓝花坚果沙拉　349 千焦

橙香鱼排　301 千焦

## 宜选择食用优质蛋白

一般来说，动物性食物，如瘦肉、鱼、奶、蛋中的蛋白质都属于优质蛋白，而鱼肉中所含的蛋白质则是"优中之优"。米、小麦中所含蛋白质多为半完全蛋白质，也称不完全蛋白质。

## 鸡蛋这样吃，营养又健康

1. 带壳水煮蛋，其蛋白质吸收率最高，营养成分保存最佳。

2. 蒸蛋，其蛋白质吸收率略低，营养成分损失较少。

3. 蛋花汤，一碗菠菜蛋汤是蛋白质和蔬菜的完美结合，十分适合作为晚餐食用。

**小贴士** **成功轻断食秘诀**

**吃鱼宜清蒸或炖汤**

鱼类食品脂肪低、胆固醇低，含有大量的优质蛋白质。常吃鱼对减肥人群来说大有裨益。每周应至少吃一次鱼类和虾，尽量吃不同种类的鱼。保留鱼类营养的最佳方式就是清蒸，用新鲜的鱼炖汤，也是保留营养的好方法，并且特别易于消化。

**蛋白质最好食补**

现在很多人喜欢用蛋白质粉补充蛋白质，通过单纯吃蛋白质粉补充蛋白质的方式，更容易出现营养不良的情况。因此，最好通过食补的方式补充蛋白质。

## 轻断食期间晚餐宜吃的食物

轻断食期间吃晚餐的时间尽量提前，忌大吃大喝，尽量少吃含高脂肪的食物。

 全麦制品　　牛奶　 蛋类

+ **310 千焦** 加餐 + **1 300 千焦** 晚餐 = **5 930 千焦**

红豆山药粥 **356 千焦**

> 不是所有的豆制品都建议吃
> 油炸的素鸡、素烧鹅、油豆腐、兰花干等食品，虽然也算是豆制品，但还是应该少吃。

# 一日三餐食谱

　　在我们日常饮食中切记不要吃饭太快，如果吃得太快，一方面会对胃造成伤害，另一方面，不容易产生饱腹感，导致进食过量。所以再次强调在吃饭的时候，一定要细嚼慢咽。

## 早餐 西蓝花坚果沙拉 　热量 349千焦

### 🐚🐚🐚 早餐搭配

西蓝花坚果沙拉 + 鸡蛋 + 土豆饼

西蓝花坚果沙拉 + 柠檬 + 牛奶煎鳕鱼

**原料：** 西蓝花 1/2 棵，腰果、核桃、杏仁各 5 克，橄榄油 2 勺，白酒醋 2 大勺，白糖 1 勺，盐、蒜末、彩椒丝各适量。

**做法：** ①将西蓝花去掉梗上硬皮，放在盐水中浸泡 10 分钟，洗净后放入沸水中焯熟，捞出，沥干。② 将腰果、核桃、杏仁放在煎锅上焙烤至略带金黄、香气四溢，关火，用擀面杖碾碎。③取一小碗，放入橄榄油、白酒醋、白糖、盐和蒜末，搅拌均匀。④将西蓝花和坚果碎装盘，淋上沙拉酱汁，搅拌均匀，点缀彩椒丝即可。

**营养功效：** 西蓝花中的营养成分，不仅含量高，而且十分全面，主要包括蛋白质、碳水化合物、矿物质、维生素 C 等，非常适合轻断食日食用。

## 午餐 橙香鱼排 热量 301 千焦

**原料：** 鲷鱼 1 条，橙子 1 个，红椒、冬笋、盐、料酒、淀粉各适量。

**做法：** ①鲷鱼收拾干净，切大块，加盐、料酒腌制 10 分钟使之入味；橙子剥皮取果肉，切块；红椒、冬笋洗净后切丁。②油锅烧热，鲷鱼块裹适量淀粉入锅炸至金黄色，捞出控油。③锅中放水烧开，放入橙肉块、红椒丁、冬笋丁，加盐调味，最后用淀粉勾芡，浇在鲷鱼块上即可。

**营养功效：** 鲷鱼的蛋白质含量较高，橙子富含维生素 C，二者搭配能提高身体的免疫力。但不宜多食，每次吃两三块即可。

### 午餐搭配

橙香鱼排 + 凉拌豌豆苗 + 山药米饭

橙香鱼排 + 上汤茼蒿 + 枸杞大米饭

## 晚餐 红豆山药粥 热量 356 千焦

**原料：** 红豆、薏米各 20 克，山药 1 根，燕麦片适量。

**做法：** ①山药削皮，洗净切小块。②红豆和薏米洗净后，放入锅中，加适量水，中火烧沸，煮 3 分钟，转小火，焖 30 分钟。③将山药块和燕麦片倒入锅中，再次用中火煮沸后，转小火焖熟即可。

**营养功效：** 红豆利尿消肿，有助于改善身体的水肿症状，和山药一起煮粥，还可滋补开胃，具有不错的减肥功效。

### 晚餐搭配

红豆山药粥 + 上汤苋菜 + 草菇西蓝花

红豆山药粥 + 松子拌香椿 + 韭菜炒香干

## 替换餐单

蛋白质不是越多越好，而是越优越好。在控制每日摄入总热量的同时，也要注意烹饪方法，以保证摄入优质蛋白质。

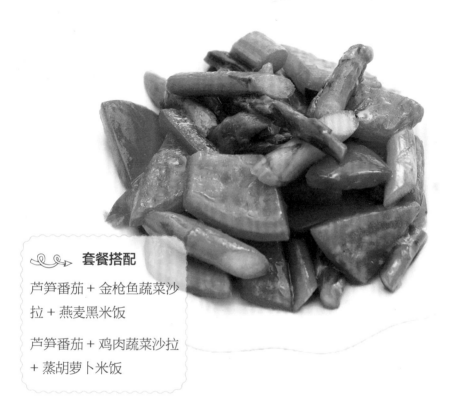

**套餐搭配**

芦笋番茄 + 金枪鱼蔬菜沙拉 + 燕麦黑米饭

芦笋番茄 + 鸡肉蔬菜沙拉 + 蒸胡萝卜米饭

# 芦笋番茄 热量 121 千焦

**原料：** 芦笋 6 根，番茄 2 个，盐、香油、葱末、姜片各适量。

**做法：** ①番茄洗净，切片；芦笋去皮、洗净切段，焯烫后捞出，切成小段。②油锅烧热，煸香葱末和姜片，放入芦笋段、番茄片一起翻炒。③翻炒至八成熟时，加适量盐、香油，翻炒均匀即可出锅。

**营养功效：** 芦笋、番茄颜色鲜艳，易引发食欲，还富含膳食纤维，能促进消化，食用后不用担心会增加太多热量。

# 蛤蜊白菜汤 热量 113 千焦

**原料：** 蛤蜊 250 克，白菜 100 克，姜片、盐、香油各适量。

**做法：** ①在清水中滴入少许香油，将蛤蜊放入，让蛤蜊彻底吐净泥沙，冲洗干净，备用；白菜洗净，切块。②锅中放水、盐和姜片煮沸，把蛤蜊和白菜一同放入。③转中火继续煮，蛤蜊张开壳、白菜熟透后即可关火。

**营养功效：** 蛤蜊有消水肿的功效，白菜可润肠排毒。

# 豆腐油菜心 热量 268 千焦

**原料：** 油菜 200 克，豆腐 100 克，香菇、冬笋各 25 克，香油、葱末、盐、姜末各适量。

**做法：** ①香菇、冬笋切丝，油菜取中间嫩心。②豆腐压成泥，放香菇、冬笋、盐拌匀，蒸 10 分钟取出，菜心放周围。③在油锅内爆香葱末、姜末，加少许水烧沸撇沫，淋香油，浇在豆腐和油菜心上即可。

**营养功效：** 此菜清淡可口，开胃健脾，补益身体。

# 什锦沙拉 热量 209 千焦

**原料：** 黄瓜、圣女果、芦笋、紫甘蓝各 50 克，沙拉酱适量。

**做法：** ①将黄瓜、圣女果、芦笋、紫甘蓝分别洗净，并用温水加盐浸泡 15 分钟，分别切块或切丝、切段，备用。②芦笋在开水中略微焯烫，捞出沥干。③将黄瓜、圣女果、芦笋、紫甘蓝码盘，挤入沙拉酱，搅拌均匀即可。

**营养功效：** 此沙拉含有丰富的膳食纤维和多种维生素，可促进肠道蠕动，促进消化。

# 清蒸鲈鱼  热量 494 千焦

**原料：** 鲈鱼 1 条，姜丝、葱丝、盐、料酒、蒸鱼豉油、香菜叶各适量。

**做法：** ①将鲈鱼去鳞、鳃、内脏，洗净，两面划几刀，抹匀盐和料酒后放盘中腌 5 分钟。②将葱丝、姜丝铺在鲈鱼身上，上蒸锅蒸 15 分钟，淋上蒸鱼豉油，撒上香菜叶即可。

**营养功效：** 鲈鱼富含优质蛋白，清蒸后肉质鲜嫩，常食可滋补健身，提高身体免疫力，是增加营养又不会长胖的美食。

# 洋葱炒木耳  热量 148 千焦

**原料：** 黑木耳( 干 )10 克，洋葱 1 个，生抽、盐各适量。

**做法：** ①黑木耳用温水泡发两小时，洗净根部杂质，择成小朵，焯水后挤干水分备用；洋葱随意切大块。②油热后，下入洋葱，用大火爆炒出葱香。③下入黑木耳继续翻炒一分钟。④加入适量盐、生抽翻炒片刻，出锅即可。

**营养功效：** 黑木耳含有丰富的膳食纤维，能促进胃肠蠕动，防止便秘。洋葱脂肪含量少，且可以杀菌抗氧化。二者搭配是一道美味的减肥菜肴。

### 套餐搭配

清蒸鲈鱼 + 清炒茼蒿 + 芝麻松饼

清蒸鲈鱼 + 芦笋番茄 + 花卷

# 猪瘦肉菜粥 热量 470 千焦

**原料：** 大米 50 克，瘦猪肉丁 20 克，青菜 60 克，酱油、盐各适量。

**做法：** ①将大米洗净；青菜洗净，切碎。②油锅烧热，倒入瘦猪肉丁翻炒，再加入酱油、盐，加入适量水，将大米放入锅内。③米煮熟后，加入青菜碎，煮至熟烂为止。

**营养功效：** 猪瘦肉菜粥荤素搭配，营养丰富且易吸收，能增加饱腹感。因热量较低，在享受美味的同时，不必担心体重会飙升，很适合减肥人群食用。

# 莲藕黄瓜沙拉 热量 260 千焦

**原料：** 莲藕 1 小节，黄瓜 1/2 根，圣女果 4 颗，橄榄油 2 勺，白酒醋 3 大勺，白糖 1 勺，芥末酱、洋葱末适量。

**做法：** ①莲藕、黄瓜、圣女果分别洗净，莲藕、黄瓜分别切丁，圣女果对切。②将莲藕放入沸水中煮熟，捞出，沥干。③取一小碗，放入芥末酱、橄榄油、白酒醋、白糖和洋葱末，搅拌均匀，制成沙拉酱汁。④将莲藕、黄瓜、圣女果装盘，淋上沙拉酱汁，搅拌均匀即可。

**营养功效：** 莲藕能增进食欲，促进消化，开胃健脾，此外，莲藕中含有黏液蛋白和膳食纤维，可减少人体对脂类的吸收。

# 芥菜干贝汤 热量 209 千焦

**原料：** 芥菜 250 克，干贝肉 10 克，鸡汤 200 克，香油、盐各适量。

**做法：** ①将芥菜洗净，切段。②干贝肉洗净，加水煮软。③锅中加鸡汤、芥菜段、干贝肉，煮熟后加香油、盐调味即可。

**营养功效：** 干贝含有多种人体必需的营养素，如蛋白质、钙、锌等，具有滋阴补肾、和胃调中的功效，对脾胃虚弱的人有很好的食疗作用，同时不会增加太多热量。

# 橄榄菜炒四季豆 热量 199 千焦

**原料：** 四季豆 200 克，橄榄菜 50 克，葱花、盐、香油各适量。

**做法：** ①将四季豆洗净，切段；橄榄菜切碎。②油锅烧热，爆香葱花，下入四季豆和橄榄菜碎翻炒。③快要炒熟时，用盐、香油调味即可。

**营养功效：** 四季豆富含膳食纤维，可促进肠胃蠕动，起到清胃涤肠的作用，很适合便秘的人食用；橄榄菜富含蛋白质、维生素 A、铁，有开胃消食、帮助消化的作用。

### 套餐搭配

芥菜干贝汤 + 丝瓜炒鸡蛋 + 牛奶馒头

### 套餐搭配

橄榄菜炒四季豆 + 珍珠三鲜汤 + 燕麦黑米饭

# 板栗黄焖鸡 热量 812千焦

**原料：** 鸡肉 150 克，板栗 100 克，水淀粉、黄酒、白糖、葱段、姜块、香油、酱油、盐各适量。

**做法：** ①将板栗用刀切成两半，放到锅里煮熟后捞出，去壳；鸡肉切块。②油锅烧热，将葱段爆香，再加鸡块煸炒至外皮变色后，加适量清水及盐、姜块、酱油、白糖、黄酒，用中火煮。③煮沸后，用小火焖至鸡肉将要酥烂时，将板栗放下去一起焖。④待鸡肉和板栗都酥透后，用水淀粉勾芡，淋上香油即可。

**营养功效：** 此菜提供充足的蛋白质和碳水化合物，能补充充足的能量，制作时去掉鸡皮，可有效避免摄入过多的脂肪和热量。

# 香菜拌黄豆 热量 1 289千焦

**原料：** 香菜 50 克，黄豆 150 克，盐、姜片、香油各适量。

**做法：** ①黄豆泡 6 小时以上，泡好的黄豆加姜片、盐煮熟，凉凉。②香菜切段，拌入黄豆中，吃时淋上香油即可。

**营养功效：** 黄豆营养较全面，其中含丰富的蛋白质。虽然黄豆热量较高，但适量吃些是不会导致体重飙升的。

**套餐搭配**

冬瓜汤 + 香菜拌黄豆 + 玉米饼

# 周六轻断食日 有效降体脂

今天是这周第二个轻断食日，不知道你有没有适应，有些人可能会问："轻断食体重没怎么变，是不是没效果？"其实你大可不必心急，即使体重没怎么变，体脂也可能降了，轻断食贵在坚持。

## 适当增加运动量

如果平时不运动，要想提高轻断食的效果，可以从少量的有氧运动开始。利用上下班的空余时间，每天分多次进行，慢慢增加运动量，一天累积有氧运动时间为 1 小时就可以了。轻断食的同时，坚持有氧运动，相信你很快就能看见自己的小腹、腰围都有了令人惊喜的变化。

## 保证充足的睡眠

充足的睡眠对于促进人体新陈代谢具有十分重要的意义，不但能够使人精力充沛，还能有助于减肥。轻断食期间人体本身摄入的热量就没有平时多，因此，更要保证充足睡眠，减少对身体能量的过度消耗。轻断食期间要保证规律的作息习惯，早睡早起，每天保证 8 小时的

## 一日三餐推荐

大部分食欲旺盛的人，都是能量过剩，营养不良，营养不良会导致暴食，这样很容易进入一个恶性循环。所以，养成良好的生活习惯，改变不合理的饮食结构很重要。

**600 千焦** 早餐 + **100 千焦** 加餐 + **1000 千焦** 午餐

牛油果三明治 666 千焦

四色什锦 192 千焦

睡眠时间。三餐定时定量，早餐一定要吃，晚餐不能吃过饱。充足的睡眠加上合理的饮食，使人在轻断食期间神清气爽、肠胃负担小，整个人精神焕发，一身轻松！

## "吃肉减肥法"不可取

说到蛋白质减肥，很多人都会想到"吃肉减肥法"，即吃少碳水、高蛋白、高脂肪的食物。不过，物极必反，这种轻断食方法会带来一个直接后果——饱和脂肪酸摄入过多，而且可能带来情绪上的低落，反而可能引起肥胖。所以建议不要过多摄入动物蛋白质，适当添加碳水化合物。

**小贴士** ## 成功轻断食秘诀

**❥ 不能空腹喝酸奶**

空腹喝酸奶，胃酸会使酸奶中的乳酸菌失去活性，使酸奶失去排肠毒的效果。而且酸奶不宜多喝，每天一两杯即可。每天早上和晚上各一杯，或者作为一日中的加餐，这样的搭配较为理想，可以有效控制饥饿，促进消化，帮助减肥。

**❥ 煮粥不宜放碱**

有些人煮粥时放食用碱，这样煮出来的粥又黏又烂，其实这样做是不健康的。这是因为做粥用的大米、小米等谷物都含有较多的维生素，其中维生素 $B_1$、维生素 $B_2$ 和维生素 C 在碱性环境中很容易被分解。所以，煮米粥时不要放碱，可以添加些糯米、燕麦等食材。

## 轻断食日宜吃含糖量少的水果

轻断食日最好少吃一些含糖量高的水果，含糖量低的水果可适量吃。

 石榴     木瓜     柚子

+ **20千焦** 加餐 + **100千焦** 晚餐 = **1 820千焦**

苹果醋 122千焦

不宜空腹喝果醋

很多人喜欢在三餐之前喝果醋抑制食欲，但是醋本身就含有高浓度的酸性成分，而过度酸性的环境对于食道和胃黏膜不利，长此以往可能导致胃病。

# 一日三餐食谱

　　轻断食日,饭前喝汤可减少正餐的进食量,饭时喝汤可促进消化,饭后喝汤则容易撑大胃体积,还容易因此导致营养过剩,造成肥胖。如果喝汤还觉得很饿的话,可以在蔬菜汤里放些饱腹感强的食材,比如土豆、山芋、山药,但每次应少量添加。

**早餐搭配**

牛油果三明治 + 脱脂牛奶

**早餐** **牛油果三明治** 热量 666 千焦

**原料:** 吐司2片,熟鸡蛋1个,牛油果1个,柠檬汁适量。

**做法:** ①牛油果去皮,对半切开,去核,切丁,与柠檬汁、熟鸡蛋打成泥状,制成牛油果酱。②将牛油果酱涂在2片吐司间。③放入平底锅中慢火烘焙,至吐司两面呈金黄色即可。

**营养功效:** 牛油果热量低且富含不饱和脂肪酸,可以提供充足的优质脂肪,也不宜使人发胖。。

午餐 **四色什锦** 热量 192 千焦

**原料**：胡萝卜、金针菇各 100 克，木耳、蒜薹各 30 克，葱末、姜末、白糖、醋、香油、盐各适量。

**做法**：①金针菇去老根，洗净，用开水焯烫，沥干；蒜薹洗净，切段；胡萝卜洗净、切丝；木耳洗净，撕小朵。②油锅烧热，放葱末、姜末炒香，放胡萝卜丝翻炒，放木耳、白糖、盐调味。③放金针菇、蒜薹段，翻炒几下，淋上醋、香油即可。

**营养功效**：四色什锦色香味俱全，能增加食欲。其中的四种食材热量都较低，滋补身体的同时不会使体重飙升。

**午餐搭配**

蒸红薯 + 凉拌蒜泥黄瓜 + 脱脂牛奶

晚餐 **苹果醋** 热量 122 千焦

**原料**：4~5 个苹果，100 克冰糖，1 瓶白醋。

**做法**：①将苹果洗净去核，切成约 1 厘米厚的片。②将苹果片整齐地码进玻璃瓶中，放入冰糖、白醋，瓶口封上一层保鲜膜，瓶盖拧紧，瓶子放置在阴凉处，静置浸泡 3 个月。③做好的苹果醋开封后，要用细纱布滤一下，再加水稀释后才能饮用。

**营养功效**：此饮品含有大量果胶，使人有饱腹感，且能保证肠道健康，降低胆固醇，还有助于皮肤细嫩红润。

**晚餐搭配**

苹果醋 + 丝瓜滑蛋

## 替换餐单

轻断食日，喝豆浆是不错的选择，但是豆浆煮到沸腾并不代表豆浆已经熟了，因为豆浆在加热的过程中会出现假沸，所以煮的时候要敞开锅盖，煮沸后继续加热 3~5 分钟，使泡沫完全消失，让豆浆里影响蛋白质吸收的成分被完全破坏。

**套餐搭配**

山药枸杞豆浆 + 海米白菜 + 粗粮面包

山药枸杞豆浆 + 秋葵拌鸡肉 + 玉米饼

# 山药枸杞豆浆 热量 80 千焦

**原料：** 山药 120 克，黄豆 40 克，枸杞子 10 克。

**做法：** ①山药去皮，洗净，切块；黄豆洗净，泡 10 小时；枸杞子洗净，泡软。②将所有材料放入豆浆机中，加水至上下水位线之间，最后放入枸杞子加以点缀即可。

**营养功效：** 此饮品有降血糖、降血压、降血脂等多种功效。

## 海米白菜 热量 209 千焦

**原料:** 白菜 200 克, 海米 10 克, 盐、水淀粉各适量。

**做法:** ①白菜洗净, 切成片; 海米泡开, 洗净控干。②玉米淀粉放碗内加水调成淀粉水。③油锅烧热, 放海米煸出香味, 再放白菜片快速翻炒至熟, 加盐调味, 最后用淀粉勾水芡即可。

**营养功效:** 海米白菜中含丰富的维生素 C、维生素 E 和膳食纤维, 具有很好的护肤效果, 还能有效控制体重。

## 炝拌黄豆芽 热量 205 千焦

**原料:** 黄豆芽 150 克, 胡萝卜半根, 盐、花椒油、酱油、香醋、香油各适量。

**做法:** ①黄豆芽洗净; 胡萝卜洗净, 去皮切丝。②黄豆芽、胡萝卜丝分别焯水, 捞出过凉水并沥干。③将黄豆芽、胡萝卜丝倒入大碗中, 调入盐、酱油、香醋、香油拌匀。④烧热花椒油后, 泼在上面, 搅拌均匀即可。

**营养功效:** 此菜品可以促进肠道的蠕动, 有助于排毒减肥。

**营养功效:** 此粥有补气养血、清热利水、安神健身的作用。

## 陈皮海带粥 热量 158 千焦

**原料:** 海带、大米各 50 克, 陈皮适量。

**做法:** ①将海带用温水浸软, 换清水漂洗干净, 切成碎末; 陈皮用清水洗净。②将大米淘洗干净, 放入锅内, 加适量水, 置于火上, 煮沸后加入陈皮、海带末, 不时地搅动, 用小火煮至粥熟即可。

# 秋葵拌鸡肉 热量 295 千焦

**原料：** 秋葵 5 根，鸡胸肉 100 克，圣女果 5 个，柠檬半个，盐、橄榄油各适量。

**做法：** ①将鸡胸肉、秋葵和圣女果洗净。②秋葵放入滚水中焯烫 2 分钟，捞出、浸凉，去蒂、切小段；鸡胸肉放入滚水中煮熟，捞出沥干，切成小方块。③圣女果对半切开；将橄榄油、盐放入小碗中，挤入几滴柠檬汁，搅拌均匀成调味汁。④切好的秋葵、鸡胸肉和圣女果放入盘中，淋上调味汁即可。

**营养功效：** 清脆爽口的秋葵热量低，有保护肝脏、增强体力的功效。鸡胸肉蛋白质含量很高，饱腹感很强，但热量较低，很适合肥胖人群经常食用。

# 虾仁豆腐 热量 293 千焦

**原料：** 豆腐 300 克，虾仁 100 克，盐、蛋清、水淀粉、香油各适量。

**做法：** ①将豆腐切成小丁，放入开水中焯一下，然后捞出沥干；将虾仁处理干净，加入少许盐、水淀粉、蛋清上浆。②将水淀粉和香油放入小碗中，调成芡汁。③油锅烧热，放入虾仁炒熟，再放入豆腐丁同炒，出锅前倒入调好的芡汁，迅速翻炒均匀即可。

**营养功效：** 虾仁豆腐富含蛋白质以及钙、磷等矿物质，脂肪含量低，是断食日的不错选择。

**套餐搭配**

虾仁豆腐 + 烫油菜心

# 鱼香茭白 热量 234千焦

**原料：**茭白4根，料酒、醋、水淀粉、酱油、姜丝、葱花各适量。

**做法：**①茭白去外皮，洗净，切块；料酒、醋、水淀粉、酱油、姜丝、葱花调和成鱼香汁。②锅烧热，小火干煎茭白至表面微微焦黄。③锅中刷少量油，下茭白、鱼香汁翻炒均匀，收汁即可。

**营养功效：**鱼香茭白热量很低，口感鲜嫩，有利尿除湿的功效，适合断食日食用。

# 丝瓜炖豆腐 热量 313千焦

**原料：**豆腐50克，丝瓜100克，高汤、盐、葱花、香油各适量。

**做法：**①豆腐洗净，切块；用刀刮净丝瓜外皮，洗净，切滚刀块。②将豆腐块用开水焯一下，冷水浸凉，捞出，沥干水分。③油锅烧至七成热，下丝瓜块煸炒至软，加高汤、盐、葱花，烧开后放豆腐块，改小火炖10分钟，转大火，淋上香油即可。

**营养功效：**丝瓜富含维生素C，与豆腐一起炖食，营养丰富，还有助于铁元素的消化吸收。而且此菜品热量较低，适当吃些，不用担心体重会飙升。

**套餐搭配**

鱼香茭白 + 丝瓜炖豆腐

# 白萝卜拌海蜇皮 热量 255 千焦

**原料：** 海蜇皮 100 克，白萝卜 250 克，白糖、红椒丝、盐、姜末、香油各适量。

**做法：** ①海蜇皮泡透，洗净，沥水片刻，切丝；白萝卜洗净，去皮，切丝。②白萝卜丝中加盐拌透，加海蜇皮继续拌，再加白糖调味。③最后淋上香油，撒上姜末、红椒丝即可。

**营养功效：** 海蜇皮是低脂、低热量食物，白萝卜可以加快胃肠蠕动，有助于控制体重。

# 什锦西蓝花 热量 205 千焦

**原料：** 西蓝花、菜花各 150 克，胡萝卜 100 克，盐、白糖、醋、香油各适量。

**做法：** ①西蓝花和菜花洗净，切成小朵；胡萝卜洗净，去皮、切片。②将全部蔬菜分别放入水中焯熟后，捞出过凉并沥干水分，盛盘。③最后加盐、白糖、醋、香油搅拌均匀即可。

**营养功效：** 西蓝花、菜花的热量都非常低，其中西蓝花富含的膳食纤维含量较高，还能带来较强的饱腹感，减肥时期吃西蓝花，既确保了养分摄入，又控制了热量摄入，不必饿肚子。

# 白萝卜海带汤 热量 146 千焦

**原料：** 海带 50 克，白萝卜 100 克，盐适量。

**做法：** ①海带洗净切丝；白萝卜洗净切丝。②将海带丝、白萝卜丝放入锅中，加适量清水，煮至食材熟透。③出锅时加入盐调味即可。

**营养功效：** 白萝卜有消食化气、开胃健脾等功效；海带润肠通便，营养丰富，二者热量都很低，不用担心增重。

# 清蒸大虾 热量 210 千焦

**原料：** 虾 150 克，葱、姜、料酒、花椒、高汤、米醋、酱油、香油各适量。

**做法：** ①虾洗净，去虾线；葱择洗干净切丝；姜洗净，一半切片，一半切末。②将虾摆在盘内，加入料酒、葱丝、姜片、花椒和高汤，上笼蒸 10 分钟左右。③拣出虾装盘。④米醋、酱油、姜末和香油兑成汁，供蘸食。

**营养功效：** 虾口味鲜美，营养丰富，是一种高蛋白质、低脂肪的食物，用清蒸的方式而非油炸的方式避免了高热量的摄入，在滋补身体的同时不易使体重飙升。

# 周日正常饮食 坚持很重要

　　轻断食的第一周将要结束了，但是轻断食的计划才刚刚开始！一般而言，轻断食一周不会有特别明显的效果，坚持一个月后，身体和精神状态就会有所改观了，所以坚持下去很重要。

## 摄入优质脂肪，精神足气色佳

　　食用油主要分为动物油和植物油，动物油的饱和脂肪酸含量高，常见的如猪油、黄油等，都需要少吃。而植物油中大部分为不饱和脂肪酸，比如芝麻油。深海鱼和果仁类所含的油脂，都可以起到很好的助瘦效果。不过不同的植物油中，脂肪酸的构成不同，各具营养特点，因此还应该经常更换家里食用油的种类。

## 健康用油小知识

　　1.油烧至七分热最合适。

　　2.尽量选用不粘锅做菜。

　　3.炸过食物的油不要反复使用。

　　4.煲汤之后应先去掉上面的油脂。

　　5.炒菜后把菜锅斜放几分钟，让油流出来，然后再装盘。

　　6.凉拌菜最后放香油或橄榄油，然后马上食用，以免蔬菜吸收过多油脂。

## 一日三餐推荐

　　每餐主食的热量可以比轻断食日增加1~2倍，粗粮与细粮搭配食用，或者每天有1餐以粗粮为主食。

**800 千焦** 早餐 ＋ **220 千焦** 加餐 ＋ **2 400 千焦** 午餐

丝瓜虾仁糙米粥　171 千焦

彩椒洋葱三文鱼粒　527 千焦

## 早上一杯果蔬汁，营养又燃脂

人们吃早餐时，一般很少吃蔬菜和水果，但早晨喝一杯新鲜的果蔬汁很大程度上就能够补充身体需要的水分和营养。同时也增加了膳食纤维的摄入量，帮助肠道消化和吸收。值得注意的是，空腹时不要喝酸度较高的果汁，先吃一些主食再喝，以免大量的果汁会冲淡胃消化液的浓度，导致胃部不适。

小贴士 **成功轻断食秘诀**

▸ **稀释食物的调味品**

健康低热量的蔬菜或水果上撒上沙拉酱，会立即增加热量。可以试着稀释沙拉酱，如：在沙拉酱里面加入柠檬汁、磨碎的牛油果或原味脱脂酸奶等。最重要的是，经过稀释后，味蕾几乎觉察不到其中的差别，保持美味的同时，使脂肪的含量有所降低。

▸ **选择正确的烹调方法**

用于煎炸的食材可以放在烤箱里两面烤一下，香脆可口，而且脂肪含量更少。另外还可以在烹调前将肉类中所有可见脂肪去掉，并在烹调后倒掉浮于表面的脂肪。也可用植物油取代牛油和猪油等方式烹调。

## 富含优质蛋白质的食材推荐

轻断食期间不能忽视优质蛋白质的摄入，富含优质蛋白质的食材有：瘦肉类、豆制品类等。

 鸡蛋　 牛奶　 鱼肉

+ **240 千焦** 加餐 + **1 000 千焦** 晚餐 = **4 660 千焦**

樱桃萝卜牛油果沙拉 **552 千焦**

多一点醋少一点盐
太多的盐不但身体负担大，而且还会越吃越咸，其他食物也会跟着吃多，体重不增加也很难。这时，不妨多放一点醋，口感会好很多。

# 一日三餐食谱

　　糙米是稻谷脱壳后不加工或较少加工所获得的全谷粒米，由米糠、胚和胚乳三大部分组成。与白米相比，糙米较高程度地实现了稻谷的全营养保留。因此，最好能改变饮食习惯，以糙米、全麦制品等粗糙食物替代精制的白米、白面，这样不仅能吃到更多营养素，其所含的膳食纤维对想减肥的人也是好处多多。

此粥食材丰富，既可口，又能保证营养。

**早餐 丝瓜虾仁糙米粥** 热量 171 千焦

**原料：**丝瓜 100 克，虾仁、糙米各 50 克，盐适量。

**做法：**①提前将糙米清洗后加水浸泡约 1 小时。②将糙米、虾仁洗净一同放入锅中。③加入 2 碗水，用中火煮成粥状。④丝瓜洗净，去皮切条，加到已煮好的粥内，煮一会儿后加盐调味即可。

**营养功效：**丝瓜虾仁糙米粥清淡可口，可改善胃口，又不会使体重飙升。其中丝瓜和糙米富含膳食纤维，虾富含钙和镁，一起搭配食用营养丰富，热量也不高。

## 午餐 彩椒洋葱三文鱼粒 热量 527 千焦

**原料：** 三文鱼、洋葱各 100 克，红椒、黄椒、青椒各 20 克，酱油、料酒、盐、香油各适量。

**做法：** ①三文鱼洗净，切丁，调入酱油和料酒拌匀，腌制备用；洋葱、黄椒、红椒和青椒分别洗净，切成丁。②油锅烧热，放入腌制好的三文鱼丁煸炒，加入剩余食材和盐、香油，翻炒熟即可。

**营养功效：** 彩椒三文鱼粒含有很多蔬菜，能提供多种维生素；三文鱼含有丰富的不饱和脂肪酸，有利于降低胆固醇。

**午餐搭配**

彩椒洋葱三文鱼粒 + 蒜蓉茄子 + 杂粮饭

## 晚餐 樱桃萝卜牛油果沙拉 热量 552 千焦

**原料：** 樱桃萝卜 5 个，罐头玉米粒 10 克，牛油果 1 个，柠檬汁适量。

**做法：** ①樱桃萝卜洗净，切成片。②牛油果洗净，对半切开，去皮去核，切成小块。③将牛油果块放入碗中，用擀面杖捣成泥，挤入柠檬汁，放入盐、黑胡椒碎，搅拌均匀。④将樱桃萝卜、玉米粒装盘，倒入牛油果酱汁，搅拌均匀即可。

**营养功效：** 牛油果搭配樱桃萝卜，又脆又嫩。用柠檬汁稀释牛油果既可以降低油脂的摄入，还能够防止牛油果氧化变色。

**晚餐搭配**

樱桃萝卜牛油果沙拉 + 海带豆腐汤 + 蔬菜包

# 替换餐单

　　若是在轻断食期间过分拒绝油脂，会影响肠道蠕动速度，影响排便，造成便秘。治疗便秘，应养成定时排便的习惯，并建立高膳食纤维、低脂肪的合理饮食结构，不宜过度拒绝油脂摄入。

**套餐搭配**

琵琶豆腐 + 虾肉冬蓉汤
+ 烤馒头片

琵琶豆腐 + 鲫鱼丝瓜汤
+ 西葫芦饼

# 琵琶豆腐 热量 406 千焦

**原料：**豆腐 50 克，虾 4 只，油菜 4 棵，鸡蛋 1 个，香油、酱油、蚝油、淀粉、白糖、盐、芹菜叶、姜片各适量。

**做法：**①剥虾取肉（保留虾尾做装饰），加盐略腌，拍烂，加入豆腐拌匀做成琵琶豆腐；油菜洗净，焯烫熟。②琵琶豆腐上锅蒸 5 分钟后取出，撒适量淀粉，蘸上蛋清，炸至微黄色盛起。③另起油锅，爆香姜片，加淀粉、酱油、香油、蚝油、白糖、盐勾芡，煮沸后淋在琵琶豆腐上，加以小油菜、芹菜叶摆盘点缀即可。

**营养功效：**琵琶豆腐富含锌、蛋白质，口感软糯，易消化。豆腐和虾都是高蛋白、低脂肪的食物，有利于控制体重。

## 菠菜鸡蛋饼 热量 331 千焦

**原料：** 面粉 150 克，鸡蛋 2 个，菠菜 50 克，火腿 1 根，盐、香油各适量。

**做法：** ①面粉倒入大碗中，加适量温水，再打入 2 个鸡蛋，搅拌均匀，成蛋面糊。②菠菜焯水沥干后切碎，火腿切小丁，倒入蛋面糊里。③加入适量盐、香油，混合均匀。④锅烧热，倒入蛋面糊煎至两面金黄即可。

**营养功效：** 菠菜富含膳食纤维，鸡蛋富含蛋白质，作为主食需适量食用。

## 鸡蛋玉米羹 热量 196 千焦

**原料：** 玉米粒 100 克，鸡蛋 2 个，鸡肉 50 克，盐、白糖各适量。

**做法：** ①将玉米粒用搅拌机打成玉米蓉；鸡蛋打散备用；鸡肉切丁。②将玉米蓉、鸡肉丁放入锅中，加适量清水，大火煮沸，转小火再煮 20 分钟。③慢慢淋入蛋液，搅拌，大火煮沸后，加盐、白糖即可。

**营养功效：** 此羹做法简单，营养美味，可作为早餐食用。

## 芦笋虾仁沙拉 热量 594 千焦

**原料：** 芦笋 4 根，虾仁 3 只，彩椒 1/2 个，料酒、黑胡椒碎适量，橄榄油 1 勺，白酒醋 2 大勺，洋葱末 1 勺，盐适量。

**做法：** ①芦笋、彩椒洗净切段，芦笋下沸水焯熟。②虾仁用料酒、黑胡椒碎、盐腌制片刻；下锅煮熟，捞出沥干。③将上述调料倒在处理好并混合在一起的食材上，搅拌均匀即可食用。

**营养功效：** 芦笋含有丰富的微量元素及人体所必需的氨基酸，虾仁清淡爽口，易于消化。

# 菠菜芹菜粥 热量 117 千焦

**原料：** 菠菜、芹菜各50克，大米100克。

**做法：** ①菠菜、芹菜择洗干净，入开水焯烫，捞出，切末。②大米洗净，放入锅内，加适量水。③先大火煮开，再小火煮30分钟。④加芹菜末、菠菜末，再煮5分钟即可。

**营养功效：** 芹菜、菠菜有养血润燥的功效，可以缓解便秘，还能降低血压。而且菠菜芹菜粥清淡适口，很适合偏胖的人食用。

**套餐搭配**
菠菜芹菜粥 + 拌双色菜花 + 燕麦二米饭

# 凉拌蕨菜 热量 205 千焦

**原料：** 蕨菜200克，盐、酱油、醋、蒜末、白糖、香油、薄荷叶各适量。

**做法：** ①将蕨菜放入开水中烫熟，捞出切段。②加入蒜末、酱油、香油、盐、醋、白糖拌匀，最后点缀薄荷叶即可。

**营养功效：** 凉拌蕨菜做法简单，清爽可口。蕨菜含有的膳食纤维能促进胃肠蠕动，具有下气、通便的作用。此外吃点蕨菜还能清热降气，增强抵抗力，控制体重。

**套餐搭配**
凉拌蕨菜 + 琵琶豆腐 + 玉米饼

# 甜椒炒牛肉 热量 619 千焦

**原料：** 牛里脊肉 100 克，红椒丝、黄椒丝各 30 克，料酒、淀粉、盐、蛋清、姜丝、酱油、高汤、甜面酱各适量。

**做法：** ①牛里脊肉洗净、切丝，加盐、蛋清、料酒、淀粉拌匀；酱油、高汤、淀粉调成芡汁。②油锅烧热，将牛肉丝炒散，放入甜面酱，加红椒丝、黄椒丝、姜丝炒香，用芡汁勾芡，翻炒均匀即可。

**营养功效：** 牛肉具有补脾和胃、益气补血的功效，对强健身体十分有效。红椒和黄椒有提高免疫力，促进新陈代谢，防止体内脂肪堆积的作用，有利于控制体重。

# 鸡蛋番茄沙拉 热量 209 千焦

**原料：** 番茄 1 个，鸡蛋 1 个，芹菜叶适量。芹菜末、洋葱末、青椒末各 1 勺，橄榄油 2 勺，芥末酱，白酒醋 2 大勺，白糖 1 勺，盐适量。

**做法：** ①番茄洗净，切成片；鸡蛋煮熟，去壳后切成片状。②取一小碗，放入芹菜末、洋葱末、青椒末及其他调料，搅拌均匀制成酱汁。③将番茄和鸡蛋装盘，摆成一个圆形，将酱汁淋在上面，装饰上芹菜叶即可。

**营养功效：** 煮鸡蛋营养丰富，营养易被人体吸收，此菜品色泽鲜艳、营养美味，但注意酱汁要适量食用。

# 番茄培根蘑菇汤 热量 301 千焦

**原料：** 番茄150克，培根50克，蘑菇、面粉、牛奶、紫菜、盐各适量。

**做法：** ①培根切碎；番茄去皮后搅打成泥，与培根拌成番茄培根酱；蘑菇洗净切片；紫菜撕碎。②锅中加面粉煸炒，放入蘑菇片、牛奶和番茄培根酱，加水调成适当的稀稠度，加盐调味，撒上紫菜。

**营养功效：** 番茄培根蘑菇汤含有丰富的蛋白质、锌、钙等营养成分，营养又开胃，美味还不易增重。

# 鱼丸苋菜汤 热量 167 千焦

**原料：** 鲤鱼净肉200克，苋菜50克，高汤、枸杞子、盐各适量。

**做法：** ①将苋菜择好，洗净，切段；鲤鱼净肉洗净，剁成鱼肉蓉。②锅中煮开高汤，手上沾水，把鱼肉蓉搓成丸子，放入高汤内煮3分钟。③再加入苋菜段和枸杞子略煮，最后加盐调味即可。

**功效：** 鲤鱼肉脂肪含量极少，苋菜具有补血、生血等功效，在补血的同时，也可预防肥胖。

# 丝瓜金针菇 热量 155 千焦

**原料:** 丝瓜 150 克, 金针菇 100 克, 水淀粉、盐各适量。

**做法:** ①丝瓜洗净, 去皮, 切段, 加少许盐腌一下。②金针菇洗净, 放入开水中焯一下, 迅速捞出并沥干水分。③油锅烧热, 放入丝瓜段, 快速翻炒几下。④放入金针菇同炒, 加盐调味, 出锅前加水淀粉勾芡。

**营养功效:** 丝瓜金针菇味道鲜美, 颜色清淡宜人, 在增强食欲的同时, 还有清热解毒、通便的作用, 而且此菜品的热量低, 适合轻断食期间食用。

# 菠菜鸡煲 热量 870 千焦

**原料:** 鸡肉 200 克, 菠菜 100 克, 香菇 3 朵, 冬笋 1 根, 料酒、盐各适量。

**做法:** ①鸡肉、香菇分别洗净, 切块; 冬笋切片; 菠菜洗净, 焯一下。②油锅烧热, 将鸡肉块、香菇块翻炒, 放料酒、盐、冬笋片, 加水炖至鸡肉熟烂, 加菠菜稍煮即可。

**营养功效:** 菠菜维生素 C 含量很丰富, 与肉类同食能够提升铁的吸收率, 此菜还可以为身体提供蛋白质, 增强人体抵抗力。

### 套餐搭配

菠菜鸡煲 + 白灼芥蓝 + 燕麦二米饭

菠菜鸡煲 + 凉拌青笋丝 + 枸杞杂粮饭

# 第五章
# 不同人群的轻断食方案

　　由于每个人的工作环境、生活作息等条件有所差异，所以轻断食的侧重点不一样。在本章中营养师将着重介绍 6 种人群，并逐一解决轻断食期间的难点，帮你找到专属方案，让你轻松执行下去。

# 久坐办公族：预防慢性病

久坐的办公族中，常有人抱怨"哪儿都瘦，就是肚子胖"，久坐不动，身体的脂肪就很容易堆积到腰腹部和内脏上。结果，坐着坐着就有了小肚子，还"坐"出了糖尿病、高血压、高血脂，甚至是心脏病。

这些真的只是坐的原因吗？当然不是，久坐办公，脑力劳动不少，压力也不小，大部分人会通过吃来缓解疲劳和压力，吃进去的热量没有及时消耗，在身体里以脂肪的形式储存起来。时间久了，代谢就会变差，肥肉和疾病也都来了。久坐的人要经常吃富含膳食纤维的食物，既可以增加饱腹感、促进肠蠕动，又能缓解便秘、降低胆固醇。再适当地进行一些体育锻炼，增加热量的消耗就可以一定程度上预防小肚腩和慢性病。

适宜人群：每天坐着办公的时间达 5 小时以上的人群。

轻断食应注意：久坐的人一时很难改变生活方式，最好每天 1 餐的轻断食，或者周末轻断食。

---

## 轻断食日搭配套餐

### 第 1 天

🌅 第 1 顿
蒸山药 50 克、蒸鸡蛋 1 个、胡萝卜豆浆 1 杯（200 毫升）

🕛 第 2 顿
杂粮粥 1/2 碗、鸡蓉干贝 50 克、凉拌蔬菜 50 克

🌙 第 3 顿
火龙果 50 克

### 第 2 天

🌅 第 1 顿
杂粮粥 1/2 小碗、煮鸡蛋 1 个香菇炒菜花 25 克

🕛 第 2 顿
煮玉米 1/2 根、蒜蓉茼菜 50 克

🌙 第 3 顿
苹果 1 个

# 轻断食日低脂低热餐单

**营养功效**: 干贝能补钙, 鸡肉蛋白质含量高且热量低, 饱腹又不长胖。

## 鸡蓉干贝 热量 351 千焦

**原料**: 鸡胸肉 100 克, 干贝 20 克, 鸡蛋、盐各适量。

**做法**: ①鸡胸肉洗净, 剁成蓉泥; 干贝洗净, 放入碗内, 加水, 上笼屉蒸 1.5 小时, 取出后压碎。②鸡蓉碗内打入鸡蛋, 快速搅拌均匀, 加入干贝碎、盐拌匀。③油锅烧热, 下入鸡蓉和干贝, 用锅铲不断翻炒, 待鸡蛋凝结成形时即可。

## 蒜蓉苋菜 热量 235 千焦

**原料**: 苋菜 300 克, 蒜蓉 20 克, 葱花、盐、酱油、醋、白糖、香油各适量。

**做法**: ①将苋菜洗净, 放入沸水中, 焯至断生, 捞出沥干, 切段。②在苋菜中加入盐、酱油、醋、白糖、蒜蓉、葱花、香油, 拌匀即可。

**营养功效**: 入口软滑、甘香, 有清热止痢、明目利咽的功效。

**营养功效**: 香菇中的多糖有助于提高免疫力, 菜花有助于防癌抗癌。

## 香菇炒菜花 热量 372 千焦

**原料**: 菜花 200 克, 香菇 100 克, 盐适量。

**做法**: ①菜花洗净, 掰成小朵; 香菇洗净, 去蒂, 切丁。②油锅烧热, 下香菇炒出香味, 再加入菜花继续翻炒, 待菜花熟烂时加盐调味即可。

# 复食日餐单

　　久坐办公室一族要多吃些促进消化的食物，即使在复食日，也不可过量饮食，适当增加运动也是必要的。

**套餐搭配**

芦笋炒肉 + 琵琶豆腐 + 烤馒头片

芦笋炒肉 + 鲫鱼丝瓜汤 + 西葫芦饼

## 芦笋炒肉　**热量 523 千焦**

**原料：** 猪里脊肉 150 克，芦笋 3 根，蒜 4 瓣，木耳、水淀粉、盐各适量。

**做法：** ①芦笋洗净，切段；蒜切末；木耳泡发，洗净，撕成小朵；猪里脊肉洗净，切成条，尽量和芦笋段一样粗细。②油锅烧热，放入蒜末炒香，然后放入猪里脊肉丝、芦笋段、木耳翻炒均匀。③出锅前加盐调味，用水淀粉勾芡即可。

**营养功效：** 猪里脊肉鲜美爽嫩，芦笋低热量、高营养，二者搭配不用担心会长胖。

# 糙米南瓜拌饭

**热量 418 千焦**

**原料:** 大米 200 克,糙米 80 克,南瓜 150 克,盐适量。

**做法:** ①大米、糙米分别淘净后浸泡 1 个小时。②南瓜去皮去子,切小块。③泡好的米放入电饭锅,加水;待电饭锅内的水煮开,倒入南瓜块,继续煮至熟。④饭熟后,加少许盐调味即可。

**营养功效:** 糙米可增强饱腹感;南瓜能够帮助食物消化,促进排毒。

# 蒜蓉拌黄瓜

**热量 125 千焦**

**原料:** 黄瓜 2 根,蒜蓉、香油、白醋、盐各适量。

**做法:** ①黄瓜洗净,切块。②黄瓜块上撒盐,加适量白醋、香油、蒜蓉拌匀即可。

**营养功效:** 此菜品具有美白嫩肤、杀菌排毒的作用。

**营养功效:** 土豆和豆芽均富含膳食纤维,可排毒减脂。

# 豆芽土豆汤

**热量 158 千焦**

**原料:** 土豆 1 个,豆芽 200 克,葱末、香菜末、盐各适量。

**做法:** ①土豆洗净,去皮,切块;豆芽洗净备用。②油锅烧热,放入葱末煸出香味;放入豆芽翻炒。③锅中加水烧开,放入土豆块,小火炖半小时,加入香菜末、盐调味即可。

# 苦瓜煎蛋 热量 272千焦

**原料：** 苦瓜 200 克，红椒 1 个，鸡蛋 2 个，盐适量。

**做法：** ①苦瓜洗净，剖开去掉瓜瓤，并切成薄片；鸡蛋打散；红椒切成小丁备用。②将苦瓜、红椒丁倒入蛋液中，加适量盐，搅拌均匀。③锅底刷上少许油，油热后倒入拌好的蛋液，小火煎至两面金黄即可。

**营养功效：** 苦瓜具有清热解毒、健脾开胃的作用。另外，苦瓜中的"苦瓜素"被誉"脂肪杀手"，能使摄取的脂肪和多糖减少，与鸡蛋搭配，既营养又低热量。

# 芋头排骨汤 热量 180千焦

**原料：** 芋头 2 个，排骨 300 克，姜片、盐各适量。

**做法：** ①芋头洗净去皮，切块；排骨洗净。②锅中加水烧开，放入排骨余一下，捞出备用。③将排骨和姜片放入砂锅中，加水烧开；放入芋头块，转小火慢炖 1 小时，加盐调味即可。

**营养功效：** 芋头中的黏液蛋白可以吸附肉类中的油脂，从而减少脂肪摄入。

# 猪肝炒油菜 热量 339千焦

**原料:** 油菜 200 克,猪肝 50 克,葱末、盐、生抽各适量。

**做法:** ①油菜洗净,切段;猪肝切成薄片。②油锅烧热,放入葱末煸出香味,倒入猪肝翻炒。③加入油菜炒熟,加适量盐和生抽调味即可。

**营养功效:** 油菜搭配猪肝可以补充维生素和蛋白质,还能清肠助消化,美味不长肉。

# 冬瓜炖鸡 热量 987 千焦

**原料:** 冬瓜 100 克,三黄鸡 300 克,酱油、姜片、盐、葱段各适量。

**做法:** ①三黄鸡处理干净,切块备用;冬瓜洗净,去皮,切块。②锅中加适量水,放入酱油、姜片、葱段、三黄鸡块,大火烧开后改小火炖煮。③鸡块快熟烂时加入冬瓜块,煮 10~15 分钟,加盐调味即可。

**营养功效:** 冬瓜消肿利水,鸡肉含有优质蛋白质,适合在轻断食期间食用。

## 套餐搭配

猪肝炒油菜 + 凉拌青笋丝 + 枸杞杂粮饭

# 熬夜族：吃不胖的夜宵

熬夜的人分两种：一种深夜经常加班，过度用脑；另一种夜间娱乐活动较多，往往很晚了还在与朋友聚会。

常常听见身边的朋友抱怨："我加班这么辛苦，怎么就没瘦下来呢？"熬夜确实是一种耗损，在熬夜的过程中，身体中的营养在流失，然后我们就会产生一种"会瘦下来"的错觉。但熬夜族最容易出现的问题是热量过剩，以及维生素和矿物质缺乏。夜宵基本上都是高热量、高脂肪、高糖的食物，比如黄油曲奇、巧克力、薯条、炸鸡、烧烤、坚果、啤酒、膨化食品等，吃了这些食物，加上久坐不动，脂肪就会堆积，人反而会变胖。

不管你是因为什么熬夜，都要尽快调整，让身体好好休息。实在不能避免吃夜宵，可以选择富含优质蛋白、膳食纤维、维生素和矿物质而又低脂肪的食物，如豆浆、内酯豆腐、白豆腐干等豆制品，黄瓜、番茄、生菜、彩椒、胡萝卜等蔬菜，苹果、橙子、火龙果、柚子、猕猴桃等水果，脱脂牛奶、无糖酸奶、低脂奶酪等奶制品。

以上这些食物在夜宵中可以适当搭配选择，既能补充蛋白质、膳食纤维、维生素和矿物质，还能增加饱腹感，同时也不会因摄入过多的热量而发胖。

---

**适宜人群**：熬夜的上班族，熬夜玩游戏、上网、外出娱乐的人群（超 11 点仍不睡觉）。

**轻断食应注意**：每天晚餐轻断食，加 1 餐低热量夜宵。

---

## 轻断食日搭配套餐

### 熬夜族

**晚 晚餐 1**

青瓜寿司（小卷）4 个、干切牛肉 5 片、牛奶红枣粥 1/2 碗

**晚 夜宵 1（12 点左右）**

蔬果沙拉 1 份（无沙拉酱）

### 熬夜族

**晚 晚餐 2**

米饭 1/2 碗、蒸嫩蛋羹 1 小碗、韭菜炒绿豆芽约 50 克

**晚 夜宵 2（12 点左右）**

卤干张 3 片（长宽 5 厘米）

# 轻断食日低脂低热餐单

**营养功效**：红枣与牛奶搭配，可维持皮肤的微循环，美白肌肤。

## 牛奶红枣粥 【热量 215 千焦】

**原料**：大米 50 克，鲜牛奶 200 毫升，红枣适量。

**做法**：①红枣洗净去核，切片备用；大米洗净，用清水浸泡 30 分钟。②锅中加入适量水，放入大米后，大火煮沸，转小火熬煮 30 分钟，至大米绵软。③加入鲜牛奶和红枣，小火慢煮至粥浓稠即可。

## 紫甘蓝什锦沙拉 【热量 192 千焦】

**原料**：紫甘蓝 2 片，胡萝卜 20 克，玉米 20 克，无糖酸奶适量。

**做法**：①将胡萝卜、紫甘蓝分别洗净，胡萝卜切小块，紫甘蓝切丝。②胡萝卜和玉米在开水中略微焯烫，捞出后浸入冷开水中。③将紫甘蓝、胡萝卜、玉米码盘，挤上无糖酸奶，拌匀即可。

**营养功效**：含丰富的维生素和膳食纤维，非常适合熬夜的人食用。

**营养功效**：韭菜有助于补肾，适合易疲劳人群食用。

## 韭菜炒绿豆芽 【热量 172 千焦】

**原料**：绿豆芽 100 克，韭菜 200 克，姜末、盐各适量。

**做法**：①韭菜洗净，切段；绿豆芽择洗干净。②油锅烧热，加姜末煸炒。③加入韭菜和绿豆芽一同翻炒，加盐调味。④炒至食材全熟时即可出锅。

## 复食日餐单

尽管合理地搭配食材可以改善因熬夜而造成的各种身体问题，但还是要尽量避免作息不规律，另外注意摄入低脂低糖食物。

**套餐搭配**

香菇豆腐塔 + 丝瓜炒鸡蛋 + 二米饭

香菇豆腐塔 + 肉丝炒芹菜 + 烤馒头片

# 香菇豆腐塔 热量 326 千焦

**原料:** 豆腐 300 克, 香菇 3 朵, 香菜、酱油、白糖、香油、水淀粉各适量。

**做法:** ①豆腐洗净, 切大块, 中心挖空; 香菇洗净, 剁碎; 香菜洗净, 剁碎。②香菇碎和香菜碎用白糖及水淀粉拌匀即为馅料; 将馅料放入豆腐中心, 摆在碟上放锅中蒸熟, 淋上香油、酱油即可。

**营养功效:** 豆腐富含蛋白质; 香菇富含多糖以及氨基酸, 是增强抵抗力的低脂食物。

## 荞麦山楂饼 热量 1077千焦

**原料:** 荞麦面 500 克,山楂 200 克,陈皮、乌梅、白糖各适量。

**做法:** ①陈皮、乌梅放入锅中,加白糖煎煮半小时后滤渣留汁,凉凉。②山楂洗净,煮熟、去核、碾成泥备用。③荞麦面加陈皮乌梅汁和成面团,将山楂泥揉入面团中,制成圆饼;放入油锅煎熟即可。

**营养功效:** 荞麦山楂有利于健胃消食。

## 丝瓜炒鸡蛋 热量 380 千焦

**原料:** 丝瓜 200 克,鸡蛋 2 个,葱末、盐各适量。

**做法:** ①丝瓜洗净,去皮,切块;鸡蛋打入碗中,打散。②油锅烧热,倒入鸡蛋液,翻炒成小块,盛出备用。③另起油锅,放入葱末炒香,放入丝瓜块炒熟;倒入炒好的鸡蛋,加适量盐,翻炒均匀即可。

**营养功效:** 此菜品富含蛋白质和维生素 C,可补水美白,滋润皮肤。

## 番茄炖豆腐 热量 478 千焦

**原料:** 豆腐 200 克,番茄 1 个,香油、盐、葱花各适量。

**做法:** ①豆腐切条,番茄洗净,去蒂切片。②油锅烧热,放入番茄片炒出汁后加水,再加入豆腐条炖煮一会儿,加香油、盐调味,最后撒上葱花即可。

**营养功效:** 此菜品可提高皮肤抗氧化能力,减少黑色素,淡化色斑。

# 口蘑肉片 热量 406 千焦

**原料：** 口蘑 100 克，瘦肉 50 克，盐适量。

**做法：** ①瘦肉洗净后切片，加盐拌匀；口蘑洗净，切片。②油锅烧热，放入瘦肉片翻炒，再放入口蘑片炒匀，加盐调味即可。

**营养功效：** 口蘑肉片营养丰富，味道鲜美，且口蘑口感软滑，富含硒和膳食纤维，可预防便秘，控制体重。

# 木耳炒丝瓜 热量 134 千焦

**原料：** 丝瓜 150 克，木耳 20 克，番茄 1 个，蒜末、盐、生抽各适量。

**做法：** ①将丝瓜洗净切块；番茄洗净切块；木耳泡发好备用。②将油锅烧热，放入蒜末炒香，放入番茄块和丝瓜块翻炒。③加入木耳炒熟，加适量盐、生抽调味即可。

**营养功效：** 丝瓜含有 B 族维生素和维生素 C，美白护肤，黑木耳是一种营养价值很高的菌类食物，二者搭配更营养。

## ✎ 小贴士

口蘑不易保存，要现买现做，也避免营养流失

# 蛤蜊蒸蛋 热量 486 千焦

**原料：** 鸡蛋 2 个，蛤蜊 50 克，料酒、盐、香油各适量。

**做法：** ①蛤蜊提前一晚放淡盐水中吐沙。②蛤蜊清洗干净，入锅中，加水和料酒炖煮至开口，捞出蛤蜊，蛤蜊汤备用。③鸡蛋加适量蛤蜊汤、盐打均匀，淋入香油，加入开口蛤蜊，盖上保鲜膜，上凉水蒸锅大火蒸 10 分钟即可。

**营养功效：** 蛤蜊的肉质鲜美无比，营养也比较全面，低热能、高蛋白、少脂肪，属于适量吃不易胖的营养美食。

# 白斩鸡 热量 724 千焦

**原料：** 三黄鸡 1 只，葱花、姜末、香油、醋、盐、白糖各适量。

**做法：** ①三黄鸡去内脏，洗净，放入热水锅，小火焖 30 分钟。②葱花、姜末同放到碗里，再加入白糖、盐、醋、香油，用焖鸡的鸡汤将其调匀。③把鸡拿出来剁块，放入盘中，把调好的料汁淋到鸡肉块上即可。

**营养功效：** 白斩鸡保留了三黄鸡的原味，脂肪含量也较低，享受美味时不用担心长胖。

### ⤳ 小贴士

焖煮三黄鸡时，不用放盐，蘸料的味道已经足够了

# 长期备孕族：怀得上生得下

很多肥胖的女性，婚后难以怀孕，有些人甚至备孕几年，肚子也没有动静。去医院检查，医生往往会建议先减肥再怀孕。难道怀不上宝宝和肥胖也有关系？答案是肯定的。

女性太胖，内分泌系统会受影响，卵子不容易排出，月经也会不规律，还会导致女性卵巢、子宫外都被脂肪包围起来，怀孕就变得很困难了。

因肥胖而无法怀孕的女性，不妨改变自己的生活习惯。轻断食就是一种值得长期坚持的生活方式，它不仅会减轻你的体重和体脂，还能及时调节内分泌，促进新陈代谢。身体调理好了，怀上宝宝就快了。

轻断食期间，长期备孕的女性可以经常吃大豆类制品、枸杞子等富含黄酮类化合物的食物。其中大豆中所含的异黄酮与雌激素，被称为"植物雌激素"，有调节内分泌代谢、分泌激素的作用。

**适宜人群**：体重超重或肥胖的育龄妇女。

**轻断食应注意**：根据工作生活安排，可以选择周末轻断食、每天1餐轻断食等方式。

## 轻断食日搭配套餐

### 第1天

**早 第1顿**

果蔬汁1杯(200~300毫升)、蒸嫩蛋1个、全麦吐司1片

**中 第2顿**

杂粮饭1/2碗、鸭血烧豆腐1份

**晚 第3顿**

凉拌蔬菜约50克

### 第2天

**早 第1顿**

脱脂牛奶1杯(200毫升)、煮鸡蛋1个、蒸红薯约50克

**中 第2顿**

杂粮饭1/2碗、卤猪肝5片、炒蔬菜约50克

**晚 第3顿**

菜肉馅饺子6个、蔬菜汤1碗

# 轻断食日低脂低热餐单

**营养功效**：银耳中蛋白质、氨基酸含量丰富，有助于增强免疫力。

## 炒三脆 热量 241 千焦

**原料**：银耳 30 克，胡萝卜、西蓝花各 100 克，水淀粉、盐、姜片、香油各适量。

**做法**：①银耳泡发，去蒂，择小朵；胡萝卜洗净切丁。②西蓝花洗净，择小朵，入沸水焯熟。③油锅烧热，爆香姜片，放入胡萝卜丁、银耳、西蓝花朵翻炒片刻，调入水淀粉和盐，拌炒至匀后淋入香油即可。

## 蒜蓉油麦菜 热量 264 千焦

**原料**：油麦菜 200 克，葱末、蒜末、盐各适量。

**做法**：①将油麦菜择洗干净。②油锅烧热，煸香葱末，放入油麦菜快速翻炒。③炒至油麦菜颜色变深绿、变软时加入蒜末、盐，炒匀出锅即可。

**营养功效**：油麦菜含有膳食纤维和维生素 C，有预防和缓解便秘的功效。

**营养功效**：此菜既能调养脾胃又不会摄入过多热量及脂肪。

## 番茄炒山药 热量 243 千焦

**原料**：番茄 100 克，山药 150 克，葱花、姜末、盐各适量。

**做法**：①番茄、山药分别洗净，去皮切片。②油锅小火加热，加入葱花、姜末煸出香味，放入番茄片、山药片，翻炒熟后加盐调味即可。

## 🍲 复食日餐单

　　轻断食期间，长期备孕的女性可以经常吃些豆制品，因为豆制品有调节内分泌代谢、分泌激素的作用，平时也要注意饮食的多样性。

**小贴士**

可以根据体重管理需求将油炸换为蒸煮，以免发胖。

# 豆渣瘦肉丸 　热量 1046千焦

**原料:** 猪瘦肉180克，豆渣100克，鸡蛋1个，淀粉、盐、葱花、姜末、香菜叶各适量。

**做法:** ①猪瘦肉洗净，在绞肉机中打成肉末；鸡蛋磕入碗中，搅匀。②在猪瘦肉末中加入鸡蛋液、淀粉、盐、葱花、姜末，搅匀，再加入豆渣搅匀。③油锅烧热，用手把馅料捏成丸子，在油锅中炸至金黄，捞出后控油片刻，撒上香菜叶即可。

**营养功效:** 可为人体补充优质动植物蛋白质，改善缺铁性贫血症状，还降低了脂肪的摄入，避免发胖。

# 番茄炖牛腩 热量 912 千焦

**原料:** 牛腩 250 克, 番茄 2 个, 盐适量。

**做法:** ①牛腩切成小块, 用开水余一下, 捞出备用。②番茄洗净切块后, 放入锅中, 加水煮开。③放入牛腩, 转小火继续煲 80 分钟, 加盐调味即可。

**营养功效:** 番茄中的番茄红素可美容养颜, 牛腩可补充蛋白质。

# 焖四季豆 热量 188 千焦

**原料:** 四季豆 200 克, 盐、蒜末、生抽各适量。

**做法:** ①将四季豆择洗干净, 切成长段。②油锅烧热, 放入蒜末炒香; 倒入四季豆段翻炒。③炒熟加入适量盐和生抽调味即可。

**营养功效:** 四季豆含有膳食纤维, 有助于清肠排毒。

# 菠萝炒鸡丁 热量 452 千焦

**原料:** 鸡胸肉 300 克, 菠萝 200 克, 白糖、盐各适量。

**做法:** ①鸡胸肉洗净切丁; 菠萝洗净切丁, 放入淡盐水中浸泡 10 分钟。②油锅烧热, 倒入鸡肉翻炒至变色。③放入菠萝丁翻炒, 加适量盐、白糖调味即可。

**营养功效:** 菠萝和鸡肉脂肪含量都很低, 有助于美容瘦身。

# 鸡丝凉面 　热量 544 千焦

**原料:** 荞麦面条 150 克,鸡胸肉 50 克,黄瓜丝、熟花生碎、芝麻酱、料酒、生抽、葱段、姜片、蒜末、醋、盐各适量。

**做法:** ①鸡胸肉洗净,加水、葱段、姜片、料酒,大火煮至鸡肉熟烂;将鸡胸肉捞出,凉凉,撕成细丝。②芝麻酱、生抽、醋、盐、蒜末放入碗中,混合成酱汁。③将荞麦面条煮熟,过凉,沥干水分;将酱汁浇在面条上,码上黄瓜丝、鸡丝、熟花生碎即可。

**营养功效:** 花生碎和芝麻酱热量偏高,想要更严格控制体重,可以不放花生碎,并减少芝麻酱的用量。

## ☙ 小贴士

花生碎和芝麻酱都有很好的补钙作用。

# 山药鸡肉粥 　热量 214 千焦

**原料:** 山药、大米、鸡脯肉各 100 克,芹菜、料酒、盐各适量。

**做法:** ①山药洗净,去皮切丁;芹菜洗净切成粒备用。②鸡脯肉剁碎,加适量料酒搅匀备用。③大米淘洗干净,加适量水熬煮;粥快熟时,放入山药丁、芹菜粒和鸡肉碎,加盐调味即可。

**营养功效:** 鸡肉和山药都是健脾益气的食物,感冒多发的秋冬季节,多吃山药鸡肉粥可有效提高免疫力。

## ☙ 小贴士

山药可以选择铁棍山药,口感细腻,营养价值也比普通山药高。

# 栗子扒白菜 热量 259千焦

**原料：** 白菜 150 克，栗子 6 颗，高汤、盐、葱花各适量。

**做法：** ①栗子洗净，煮熟后剥去外壳；白菜洗净切段。②油锅烧热，放葱花煸炒，加入白菜段翻炒，加高汤炖煮。③放入栗子煮熟，加盐调味即可。

**营养功效：** 栗子与白菜搭配，可以调理脾胃，有助于消化。

# 杏鲍菇炒西蓝花 热量 277千焦

**原料：** 杏鲍菇 1 根，西蓝花 100 克，牛奶 250 毫升，淀粉、盐、高汤各适量。

**做法：** ①西蓝花洗净切小朵；杏鲍菇洗净切片。②油锅烧热，倒入切好的菜翻炒，加盐、高汤调味后，装盘。③另起一锅，煮牛奶，加高汤、淀粉，熬成浓汁浇在菜上即可。

**营养功效：** 西蓝花搭配杏鲍菇可以促进消化吸收，有助于减肥。

### ✸ 小贴士
爱吃辣味的，可放少许红辣椒。

### ✸ 小贴士
这道菜口味清淡，少量加盐，不需要放太多的调味品。

# 经常应酬族：选好时机轻断食

　　经常应酬的人，总是觉得减肥很困难，酒桌上的大鱼大肉，热量严重超标，一顿饭下来，吃进去的热量，远远超过了身体所消耗的热量。

　　人们在应酬时，边吃饭边说话，吃得是不是合理很难把握。应酬的次数多了，身体会积存过剩的热量转化成脂肪，大部分男性的"啤酒肚"就是这么来的。

　　当应酬族看到自己的体检报告时，就开始后悔，并抱怨"身不由己"，没机会减肥。其实应酬的前1天和后1天，都是轻断食的好时机。前1天轻断食，提前给肠胃减负，为应酬做准备；后1天轻断食，消耗多余的热量，避免发胖。在这两天里，聪明地选择食物，一样可以瘦。

适宜人群：经常应酬的人。

轻断食应注意：应酬前1天和应酬后1天是轻断食的好时机。

## 轻断食日搭配套餐

### 第1天

**早 第1顿**

杂粮粥1/2碗、卤鸡蛋1个、水果黄瓜1根

**中 第2顿**

黑米饭1/2碗、清蒸黄鱼1块（约50克）、蔬菜汤1碗

**晚 第3顿**

蒸山药50克、无糖豆浆1杯（200毫升）

### 第2天

**早 第1顿**

脱脂牛奶1杯（200毫升）、全麦吐司1片、蔬果沙拉约50克

**中 第2顿**

杂粮饭1/2碗、蒸鸡蛋1个、蔬菜汤1碗

**晚 第3顿**

蒸红薯约50克、干切牛肉4片

# 轻断食日低脂低热餐单

**营养功效**：紫米和核桃都可以乌发，且利于消化和吸收。

## 核桃仁紫米粥 热量 180 千焦

**原料**：紫米、核桃仁各50克，枸杞子10克。

**做法**：①紫米淘洗干净，提前浸泡30分钟。②核桃仁掰碎；枸杞子拣去杂质，洗净。③将紫米放入锅中，加适量水，大火煮沸后，转小火继续煮30分钟。④放入核桃仁碎与枸杞子，继续煮15分钟即可。

## 美味杏鲍菇 热量 192 千焦

**原料**：杏鲍菇150克，蒜片、生抽、白糖、黑胡椒粉、盐各适量。

**做法**：①杏鲍菇洗净，切条。②油锅烧热，爆香蒜片，加入杏鲍菇条翻炒片刻，加入生抽、白糖、黑胡椒粉继续翻炒至入味，加盐调味即可。

**营养功效**：杏鲍菇有助于提高人体免疫力，作为晚餐食用，还利于控制体重。

**营养功效**：金针菇中有助于促进胆固醇代谢，避免脂肪堆积。

## 白灼金针菇 热量 134 千焦

**原料**：金针菇100克，生抽、白糖、葱花各适量。

**做法**：①金针菇去根洗净，入沸水焯烫1分钟，捞出，沥干，装盘。②生抽加白糖搅拌均匀，浇在金针菇上，并撒上葱花即可。

# 复食日餐单

　　经常应酬者，复食日切忌大吃大喝，平日食材宜丰富，饮食宜清淡，可吃些有利于清肠排毒的食物。喝些可口的果蔬汁代替碳酸饮料是不错的选择。

**1** 人份

**50** 克推荐食用量

**517** 千焦/100克

## 牛肉粒饭

**原料：** 熟米饭200克，牛腱肉丁100克，土豆丁、胡萝卜丁各30克，盐、白糖、淀粉、酱油、料酒各适量。

**做法：** ①牛腱肉丁加淀粉、料酒、白糖、酱油腌制10分钟。②油锅烧热，倒入牛腱肉丁炒至变色，放入土豆丁、胡萝卜丁翻炒。③最后倒入熟米饭，加盐炒匀即可。

**营养功效：** 该菜品可补充多种营养素，消除疲劳，排毒健体。

**营养功效:** 西蓝花富含多种营养素，且热量较低，有助于瘦身。

# 西蓝花黄瓜汁 热量 62千焦

**原料:** 西蓝花半棵(约150克)，黄瓜1根(约150克)，柠檬汁适量。

**做法:** ①西蓝花除去梗表面的硬皮，切成小朵，在沸水中焯烫，捞出；黄瓜洗净，切小块。②将西蓝花和黄瓜放入搅拌机，加入适量凉开水，搅打成汁后倒入杯中，加入适量柠檬汁饮用即可。

# 豆腐干炒圆白菜 热量 381千焦

**原料:** 豆腐干100克，圆白菜250克，姜末、盐、酱油各适量。

**做法:** ①豆腐干洗净，切条；圆白菜洗净，切片。②油锅烧热，下圆白菜炒至变软，下豆腐干、姜末一起翻炒。③加酱油、盐，炒至食材全熟即可。

**营养功效:** 可补充优质蛋白质和钙，有助于恢复身体、预防缺钙。

**营养功效:** 此菜营养搭配良好，可以暖胃养身，强身健体。

# 胡萝卜炖牛肉 热量 410千焦

**原料:** 牛腱肉500克，胡萝卜1根，葱段、姜片、酱油、料酒、盐各适量。

**做法:** ①将牛腱肉洗净切块；胡萝卜洗净切块。②油锅烧热，放入葱段、姜片炒香，再放入牛腱肉块翻炒片刻，放入料酒、酱油、盐及适量水烧开。③转小火炖至牛腱肉八成熟，放入胡萝卜块炖熟即可。

# 椒盐玉米粒 热量 594 千焦

**原料:** 玉米粒半碗,鸡蛋清 1 个,干淀粉、椒盐各适量。

**做法:** ①玉米粒中加鸡蛋清搅匀,再加干淀粉搅拌。②油锅烧热,把玉米粒倒进去,过半分钟之后再搅拌,炒至玉米粒呈金黄色。③盛出玉米粒,把椒盐撒在玉米粒上,搅拌均匀即可。

**营养功效:** 玉米有更强的饱腹感,可以代替一部分主食,有助于让饥饿更晚到来。

# 莲藕蒸肉 热量 355 千焦

**原料:** 猪瘦肉 150 克,鸡蛋清 50 克,莲藕 1 节,葱花、姜末、干淀粉、生抽、盐各适量。

**做法:** ①莲藕洗净,去皮,切去两端。②猪瘦肉加入鸡蛋清、姜末、盐、干淀粉、生抽、水,用力搅拌均匀。③肉馅塞入莲藕的小孔中,放入盘中,入蒸锅隔水蒸 15 分钟,取出切厚片,撒上葱花即可。

**营养功效:** 蒸熟的莲藕具有养胃健脾、养血补益的作用,和瘦肉同食有温补作用。

## 小贴士

玉米粒最好用新鲜的玉米现拨下来的,不要用含糖量较的高甜玉米罐头。

# 三文鱼三明治 热量 712 千焦

**原料：** 三文鱼肉 50 克，全麦吐司 2 片，番茄片、芋头泥、盐各适量。

**做法：** ①将三文鱼肉蒸熟捣碎；加盐拌匀。②在两片吐司片中夹入三文鱼肉、芋头泥和番茄片，切成三角形即可。

**营养功效：** 芋头能改善消化功能；三文鱼含有丰富的蛋白质，适合轻断食期间食用。

# 糖醋卷心菜 热量 289 千焦

**原料：** 卷心菜 300 克，白糖、醋、酱油、淀粉、葱花、姜末、蒜末各适量。

**做法：** ①将卷心菜洗净，切片；白糖、醋、酱油、淀粉倒入碗中，调兑成汁。②炒锅放油烧热，下入葱花、姜末、蒜末煸炒，再放卷心菜翻炒至断生，最后倒入兑好的汁炒匀即可。

**营养功效：** 糖醋卷心菜色美味香，可解毒散结，缓解便秘，适合四季常食。

## 小贴士
如果没有芋头，也可加些青菜，搭配牛奶营养更全面。

## 小贴士
卷心菜也可以生吃，清洗干净后用醋或低脂沙拉酱凉拌，口感更清爽。

# 外食族

不少年轻人平时没时间做饭而选择外卖，因此外卖越来越受欢迎。轻断食期间选择外卖，要注意以下 3 点：

1. 我们平时吃的外卖，各种原料都会使用，要谨慎选择。

推荐的食物：热量相对低，蔬菜的数量多一些，如中式清汤麻辣烫（蔬菜与肉类的比例为 3:1）；西式沙拉（慎选沙拉酱）；日式寿司、韩式汤羹等。

不推荐的食物：热量相对高，膳食纤维少，如中式盖浇饭、米线和粉丝类食物；西式炸薯条、炸鸡、奶油汤等食物；日式烧烤；韩式烤肉、拉面、年糕和拌饭等。

2. 每餐有充足的蔬菜、适量的主食，不选择油炸、烧烤类的烹调方式。

3. 按照汤、蔬菜、肉、饭的顺序吃，外卖也能吃得适宜，不超标。

**适宜人群**：轻断食者，没条件自己做饭、差旅途中及喜欢外卖的人群。

**轻断食应注意**：5：2 轻断食者、3：2 轻断食者、每天一餐轻断食者都可以。

## 轻断食日搭配套餐

### 第 1 天

**早第 1 顿**

发糕 1 块、脱脂牛奶 1 杯（200 毫升）、圣女果 4 个

**中第 2 顿**

小米粥 1 杯、炒青菜 50 克、韩式嫩豆腐汤 1 碗

**晚第 3 顿**

煮玉米 1/2 根、卤鸡蛋 1 个、蔬果沙拉 1 份

### 第 2 天

**早第 1 顿**

杂粮煎饼 1 份（不加油条、油饼）、脱脂牛奶 1 杯（200 毫升）

**中第 2 顿**

金枪鱼沙拉 1 份（金枪鱼肉碎 1 勺）、卤鸡蛋 1 个、煮玉米 1/2 根

**晚第 3 顿**

牛排 1/4 块、凉拌蔬菜约 50 克

# 轻断食日低脂低热餐单

## 卤鸡蛋 热量 620 千焦

**原料:** 鸡蛋 2 个, 酱油、白砂糖、蚝油各适量。

**做法:** ①鸡蛋煮熟, 去壳。②锅中烧水, 水开后加酱油、白砂糖、蚝油, 煮开后放入去壳鸡蛋, 煮 30~40 分钟关火, 闷一夜即可。

**营养功效:** 富含优质蛋白, 饱腹感强, 很适合作为早餐或者加餐食用。

## 芹菜炒百合 热量 385 千焦

**原料:** 芹菜段 200 克, 百合瓣 50 克, 盐、姜末、葱花各适量。

**做法:** ①炒锅放油烧热, 加入姜末、葱花煸炒。②将洗好的芹菜段、百合瓣放入锅中, 加适量清水, 翻炒至百合变透明, 加盐调味即可。

**营养功效:** 此菜可安神去火、降脂降压, 降低胆固醇。

**营养功效:** 可延缓毒素沉积, 降血脂降血糖, 对轻断食者尤为适宜。

## 凉拌西瓜皮 热量 205 千焦

**原料:** 西瓜皮 500 克, 红椒 10 克, 盐、酱油、白糖、香油各适量。

**做法:** ①将西瓜皮洗净, 去外层绿皮, 切丁; 加盐腌渍, 沥净水, 红椒洗净, 去子, 切丁。②西瓜丁中放入红椒丁、酱油、白糖、香油, 拌匀即可。

## 复食日餐单

如果没时间或机会做饭，可以榨蔬果汁或做些简单的食物。时间久了，你的身体状态会得到很大改善。

1
人份

150
克推荐食用量

575
千焦/100克

# 桂圆红枣炖鹌鹑蛋

**原料:** 鹌鹑蛋 100 克, 桂圆肉 3 个, 红枣 4 颗, 白糖适量。

**做法:** ①鹌鹑蛋煮熟, 去壳; 红枣、桂圆肉洗净。②将鹌鹑蛋、红枣、桂圆肉放入炖盅, 倒入适量温开水, 隔水蒸熟, 加白糖调味即可。

**营养功效:** 此饮品温阳暖胃、大补气血、安神养心、可缓解贫血。

# 京酱西葫芦 热量 205 千焦

**原料:** 西葫芦 300 克,海米、枸杞子、盐、甜面酱、水淀粉、姜末、高汤各适量。

**做法:** ①西葫芦洗净,切厚片。②油锅烧热,倒入姜末、海米、甜面酱翻炒,然后加高汤、西葫芦片、盐。③煮熟后放枸杞子,用水淀粉勾芡,小火收干汤汁即可。

**营养功效:** 西葫芦含水量高,热量低,晚上吃也不怕长胖。

# 土豆烧牛肉 热量 460 千焦

**原料:** 牛肉 150 克,土豆 2 个,盐、酱油、葱段、姜片各适量。

**做法:** ①土豆去皮,切块;牛肉洗净,切成滚刀块,放入沸水中余 2 分钟。②油锅烧热,下牛肉块、葱段、姜片煸炒出香味,加盐、酱油和适量水,汤沸时撇净浮沫,改小火炖约 1 小时,最后下土豆块炖熟。

**营养功效:** 此菜品能暖胃养身,强身健体,增强抵抗力。

**营养功效:** 豆角热量低,且含丰富的维生素和植物蛋白质,和瘦肉搭配,不用担心体重会飙升。

# 豆角小炒肉 热量 443 千焦

**原料:** 瘦肉 100 克,豆角 200 克,姜丝、盐各适量。

**做法:** ①瘦肉切丝;豆角斜切成段。②油锅烧热,煸香姜丝,放入肉丝炒至变色,倒入豆角段,边翻炒边加入适量水。③待豆角段将熟,放入盐调味即可。

## 盐煎扁豆 热量 297 千焦

**原料：** 扁豆 250 克，葱花、姜末、盐、料酒、高汤各适量。

**做法：** ①扁豆撕去筋，洗净，切菱形状。②油锅烧热，加扁豆翻炒至断生，盛出。③油锅烧热，爆香葱花、姜末，下入扁豆、盐、料酒、高汤，大火炒至高汤收汁即可。

**营养功效：** 扁豆有助于化湿消肿、缓解便秘。

## 绿豆芽凉面 热量 666 千焦

**原料：** 面条 300 克，绿豆芽 150 克，黄瓜 20 克，酱油、芝麻酱、香油、醋、盐、白糖各适量。

**做法：** ①将绿豆芽焯透，凉凉；面条下锅煮熟，捞出凉凉，加香油拌匀。②将芝麻酱、白糖、香油、盐调成芝麻酱汁。③将凉面盛入碗内，放上绿豆芽、黄瓜，浇上芝麻酱汁、酱油和醋，拌匀即成。

**营养功效：** 绿豆芽有清热解毒、消暑利水功效，适合易患暑毒人群。

**营养功效：** 带鱼含不饱和脂肪酸较多，有降低胆固醇的作用。

## 醋焖腐竹带鱼 热量 652 千焦

**原料：** 带鱼1条，腐竹3根，老抽、料酒、醋、盐、白糖各适量。

**做法：** ①鱼去头尾、内脏，切成段，用老抽、料酒腌 1 小时；腐竹水发后切段。②油锅加热，将带鱼段煎至八成熟捞出。③另起油锅，放带鱼段，倒醋、适量凉开水，调盐、白糖，放泡好的腐竹段，炖至入味，最后收汁即可。

# 豆角焖饭 热量 301 千焦

**原料：** 大米 200 克，豆角 100 克，盐适量。

**做法：** ①豆角、大米洗净。②豆角切碎，放在油锅里略炒一下。③将豆角碎、大米放在电饭锅里，再加入比焖米饭时稍多一点的水焖熟，再根据自己的口味适当加盐即可。

**营养功效：** 豆角口感脆嫩，富含维生素 C、蛋白质，营养丰富。

# 水果拌酸奶 热量 247 千焦

**原料：** 酸奶 125 毫升，香蕉、草莓、苹果、梨各适量。

**做法：** ①香蕉去皮；草莓洗净、去蒂；苹果、梨分别洗净，去核。②将所有水果均切成 1 厘米见方的小块。③将所有水果盛入碗内再倒入酸奶，拌匀即可。

**营养功效：** 水果拌酸奶热量低，可作为晚餐食用。

# 南瓜包 热量 606 千焦

**原料：** 南瓜半个，面粉 100 克，藕粉 30 克，香菇 2 朵，盐、酱油、白糖各适量。

**做法：** ① 南瓜去皮，蒸熟后压成泥，加面粉、藕粉、酵母、水揉匀，醒发至两倍大。② 香菇洗净，切丝，入锅炒香，加盐、酱油、白糖，炒匀成馅。③ 将面团分成 10 份，擀成包子皮，包入馅料，放锅中蒸熟即可。

**营养功效：** 南瓜中含有的果胶物质有很好的吸附性，有助于身体排毒。

# 减肥学生族

"以瘦为美"的时代，人人都喊着要减肥，这似乎也成了学生的一门"必修课"。下面两种情况可以通过轻断食来减肥。

一种是体形肥胖的中小学生，他们大多先天肥胖，再加上后天营养过剩，往往运动困难、睡觉时呼吸困难。如果有这样的情况，家长一定要帮助孩子减肥。

**适宜人群**：体形肥胖、运动量较少的学生。

**轻断食应注意**：周一至周五正常饮食，周六、周日轻断食。

另一种多是高中生、大学生，他们长期学习、不锻炼身体，加上吃得太营养，导致肚子肉多、腿有点粗等。他们渐渐不满意自己的身材，也开始尝试减肥。学生如果饮食不合理、逃避体育锻炼，不但会影响体形，也会提高成年后发生糖尿病、高血压、肥胖、冠心病的概率。

为了不影响生长发育和学习效率，学生族想要轻断食可以尝试 5∶2 的轻断食法，在休息日进行轻断食，上学期间正常饮食。

## 轻断食日搭配套餐

### 第 1 天

🌅 **第 1 顿**

杂粮三明治 1 份、无糖豆浆 1 杯（200 毫升）

🕐 **第 2 顿**

蒸红薯约 50 克、凉拌蔬菜约 50 克

🌙 **第 3 顿**

杂粮粥 1/2 碗、煎龙利鱼 1 块

### 第 2 天

🌅 **第 1 顿**

脱脂牛奶 1 杯（200 毫升）、菜包 1 个、煮鸡蛋 1 个

🕐 **第 2 顿**

杂粮饭 1 小碗、卤瘦肉 5 片、炒蔬菜约 50 克

🌙 **第 3 顿**

玉米 1/2 根、香豉牛肉片 3 片、拌蔬菜约 50 克

# 轻断食日低脂低热餐单

## 凉拌空心菜 热量 172千焦

**原料：**空心菜150克，蒜末、盐各适量。

**做法：**①将空心菜洗净，切段。②水烧开，放入空心菜段，滚三滚后捞出沥干。③蒜末、盐与少量水调匀后，浇入空心菜段拌匀即可。

**营养功效：**此菜热量低，营养不增重。可促进肠道蠕动，预防便秘。

# 香豉牛肉片 热量 536千焦

**原料：**牛肉200克，芹菜100克，木耳10克，鸡蛋清1个，姜末、盐、豆豉、淀粉、高汤各适量。

**做法：**①牛肉洗净，切片，加盐、鸡蛋清、淀粉拌匀；芹菜择洗干净，切段；木耳泡发，撕小朵。②将油锅烧热，下牛肉片滑散至熟，捞出。③锅中留底油，放入豆豉、姜末略煸，倒入芹菜段、木耳翻炒，放入高汤和牛肉片炒至熟透。

**营养功效：**此菜品富含蛋白质、钙和锌，减肥期间，可适量食用。

## 双色菜花 热量 159千焦

**原料：**菜花、西蓝花各200克，蒜蓉、盐、水淀粉各适量。

**做法：**①将菜花、西蓝花洗净，掰小朵。②菜花与西蓝花在开水中焯一下。③油锅烧热，加入菜花与西蓝花翻炒，加蒜蓉、盐调味。④最后加水淀粉勾薄芡即可。

**营养功效：**双色菜花能补充维生素C，常食有助于降脂，瘦身减肥。

## 复食日餐单

复食日不需要你过度节食，只需要你养成良好的饮食习惯加上适度运动，久而久之轻断食效果便会显现。

1
人份

150
克推荐食用量

360
千焦/100克

# 猪肝拌菠菜

**原料:** 猪肝100克，菠菜200克，香菜末、香油、盐、醋各适量。

**做法:** ①猪肝洗净，煮熟，切成薄片；菠菜洗净，焯烫，切段。②用盐、醋、香油兑成调味汁。③菠菜段放在盘内，放入猪肝片、香菜末，倒上调味汁拌匀即可。

**营养功效:** 该菜品富含膳食纤维、维生素和铁，能清体瘦身。

# 黑椒鸡腿 热量 720千焦

**原料:** 去骨琵琶腿 1 个,葱花、姜片、蒜片、黑胡椒碎、生抽各适量。

**做法:** ①去骨琵琶腿洗净,用葱花、姜片、蒜片、生抽腌制。②擦干琵琶腿表面水分,鸡皮向下放入无油热锅中煎至两面金黄色,加入黑胡椒碎,炒香。③加水,大火烧开,中火炖煮,收汁,取出后切条即可。

**营养功效:** 鸡肉属于高蛋白质、较低脂肪的肉类,在控制体重期间是优选食物,如果想要更好地控制体重,可去皮食用。

# 核桃仁拌芹菜 热量 355千焦

**原料:** 芹菜 400 克,核桃仁 80 克,香油、盐各适量。

**做法:** ①芹菜去根,择去老叶,洗净,切段;核桃仁去内皮,用开水泡 5 分钟后捞出。②将芹菜段在开水中焯熟,再用凉开水冲一下。③在芹菜段中加入盐,淋上香油,再拌入核桃仁即可。

**营养功效:** 芹菜与核桃仁同食有很好的通络降压、补脑益脑、健胃清肠的功效,适合脑力劳动者,高血压患者、便秘患者。

# 黄豆糙米南瓜粥 热量 167千焦

**原料:** 糙米 80 克,黄豆 20 克,南瓜 50 克。

**做法:** ①糙米、黄豆分别洗净,浸泡 1 小时;南瓜洗净,去皮、去瓤,切块。②糙米、黄豆、南瓜块一同放入锅内,加适量清水大火煮沸,转小火煮至粥稠即可。

**营养功效:** 糙米、黄豆和南瓜都富含膳食纤维,让人更有饱腹感。

# 香煎三文鱼

热量<br>293 千焦

**原料：** 三文鱼 350 克，蒜末、葱末、姜末、盐各适量。

**做法：** ①将三文鱼处理干净，用葱末、姜末、盐腌制。②平底锅烧热，放入腌制入味的三文鱼，两面煎熟。③装盘时撒上蒜末即可。

**营养功效：** 三文鱼中富含维生素 A、维生素 E 等营养成分，有很好的护肤作用。三文鱼在煎制过后会导致热量偏高，减肥期间可适量食用或使用橄榄油煎制。

**小贴士**

香煎三文鱼 + 香菇荞麦粥 + 凉拌笋片

香煎三文鱼 + 胡萝卜小米粥 + 大拌菜

# 香菇烧冬瓜 热量 393 千焦

**原料：**香菇 250 克，冬瓜 500 克，水淀粉、姜片、葱段、酱油、盐各适量。

**做法：**①冬瓜去皮，切成片；香菇去蒂，洗净，切片，用开水焯熟。②油锅烧热后放入姜片、葱段煸炒，放入冬瓜片，翻炒片刻，加适量水、酱油。③放入香菇片略炒，然后加盐，用水淀粉勾芡即可。

**营养功效：**冬瓜和香菇低脂低热，富含膳食纤维，日常食用可减肥。

# 白菜炖豆腐 热量 217 千焦

**原料：**白菜、豆腐各 200 克，葱段、蒜片、盐、枸杞子各适量。

**做法：**①白菜洗净切片；豆腐洗净切块。②油锅烧热，放葱段、蒜片炒香，加适量水，放豆腐块、白菜片、枸杞子，炖至熟透。③加入盐调味即可。

**营养功效：**白菜与豆腐搭配能弥补所含蛋白质不足的问题，可清理肠胃。

# 荞麦凉面 热量 436 千焦

**原料：**荞麦面条 100 克，熟海带丝 50 克，酱油、醋、白糖、白芝麻、盐各适量。

**做法：**①荞麦面条煮熟，用凉白开过 2 遍水，待面变凉后，加适量水和酱油、白糖、醋、盐，搅拌均匀。②荞麦面条上撒熟海带丝和白芝麻拌匀即可。

**营养功效：**荞麦含有植物蛋白质，还有预防便秘作用，经常食用对预防大肠癌和肥胖症有益。

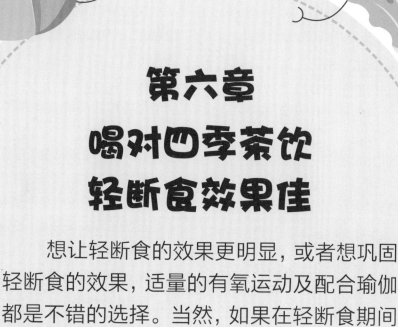

# 第六章
# 喝对四季茶饮
# 轻断食效果佳

　　想让轻断食的效果更明显，或者想巩固轻断食的效果，适量的有氧运动及配合瑜伽都是不错的选择。当然，如果在轻断食期间喝对茶饮，也会有事半功倍的效果。

# 轻断食喝茶有讲究

市面上的减肥茶卖得火热，喝茶真的能减肥吗？喝什么茶效果好呢？轻断食期间怎样喝茶才能达到事半功倍的效果，下面我们一起来了解下吧。

## 轻断食时期可以喝减肥茶吗

现在不管是网上，还是电视上，都会看到大量的减肥茶广告，它们宣传的效果都非常夸张，让人们又怀疑又期待。有的人抱着试一试的心态买了尝试，结果发现有些减肥茶容易带来副作用，有些减肥茶虽然暂时有效果，但是一段时间后就会反弹。

市面上的减肥产品实在太多了，很难分辨好坏，建议大家选择纯天然的茶叶，自己泡茶喝，这样又放心又健康。

## 轻断食期间应选哪种茶

茶叶分为绿茶、白茶、乌龙茶、红茶，还有加工的花茶、果茶、保健茶、茶饮料等。

绿茶、白茶、乌龙茶和红茶属于基本茶，制成的茶叶中没有添加剂，冲泡后的茶水热量非常低，富含茶多酚类的抗氧化物质，经常喝可以补充体内水分、增加抗氧化能力、促进食物消化、清洗肠道内的食物残渣。

花茶和果茶很受女性朋友的欢迎，冲泡后有花果的香气，品茶的同时还能愉悦心情。这类茶以绿茶或红茶为茶坯，与玫瑰花、茉莉花、桂花等有香气的花朵一起加工而成，所含多酚类物质相较基本的绿茶和红茶低一些。它们特殊的香气令人神清气爽，常喝能让身体内的水分充足、肠道通畅，皮肤也会变得光滑细腻，气色越来越好。

### 小贴士：茶饮料不能让你瘦

茶饮料主要是以各类茶叶的萃取液、茶粉或浓缩液为主要原料，再加入水、糖、酸味剂、食用香精、果汁或植（谷）物抽提液等，调制加工而成的。市面上常见的茶饮料中，一般都加了糖和食用香精来保证口味，轻断食期间最好不要选用此类茶饮料，应该以茶叶进行冲泡自制茶汤饮用。

## 哪些人不适合在轻断食时期喝茶

**便秘的人**。茶中的鞣酸会收敛肠道水分,使便秘加重,特别是喝浓茶更明显。

**失眠的人**。茶中的咖啡因容易使神经兴奋,不利于入眠,睡前最好不要喝茶。

**血液中尿酸高的人**。茶中的草酸不利于尿酸的排泄,反而使尿酸升高。

**缺铁性贫血的人**。茶中的鞣酸会影响人体对铁的吸收,使贫血加重。

**有肾结石的人**。茶中的草酸会导致结石增多。

**有浅表性胃炎、胃溃疡的人**。茶中的咖啡因会刺激胃酸分泌,加重胃酸对胃黏膜的损伤。

**饮酒后的人**。饮酒后就喝茶,容易引起心脏和肾脏的问题。一般男性比女性更适宜喝茶,女性在月经期、怀孕期、哺乳期和更年期不宜喝茶。

## 根据四季喝茶,轻断食更有效

喝茶也要分季节,俗话说"春饮花茶,夏饮绿茶,秋饮青茶(乌龙茶),冬饮红茶",说的就是四季要喝不同的茶。

**春** **宜喝花茶**。花茶甘甜、芳香,有利于散发体内的寒气,令人神清气爽,消除"春困"。

**夏** **宜喝绿茶**。绿茶性苦寒,能去暑热,生津止渴,消食利尿。

**秋** **宜喝乌龙茶**。乌龙茶温热适中,有润肤、润喉、生津的作用,可清除体内积热。

**冬** **宜喝红茶**。红茶甘温,生热暖腹,可以增强抗寒能力并助消化,去油腻。

**小贴士:喝茶温度和用量很重要**

喝茶的温度在 50~60℃最合适,每次喝茶放 2~3 克茶叶即可。

# 营养师推荐 轻断食四季茶饮

　　轻断食日吃得太清淡，复食日如果出门聚餐，有些人会突然受不了大鱼大肉，此时喝些茶可以帮你解腻。过多进食油腻食物，也可能引起肥胖，同时带来长斑、起痘、口臭等困扰，喝茶也可以帮你排毒。

## 春季清火解毒

　　春季干燥，会引起人体一些局部不适，由于人体是一个有机整体，局部的不适往往可以诱发或加剧与此有关的其他病症。春季便秘与干燥有关，大便秘结对人体害处不少。粪便停留在肠中不及时排出体外，粪便中的毒素就会被肠吸收进入血液中，对身体有害。此外，中医学认为，"春宜养肝""春应在肝"，所以春季轻断食要静心养气，不要过分劳累，以免加重肝脏的排毒负担。

# 山楂双花茶

**原料：**金银花 10 克，菊花 10 克，山楂 50 克，蜂蜜适量。

**做法：**①将山楂洗净，切片，与金银花、菊花一同放入锅中，加适量清水，煎煮 30 分钟，取汁。②锅内再加适量清水，煎取第 2 次汁。③调和 2 次汁液，加入蜂蜜搅匀，烧至微沸即可。

**用法：**日常饮用，量随意。

### 功效

养肝去火

清热解毒

# 蒲公英根茶

**原料:** 新鲜蒲公英 150 克,鲜芦根 150 克,红糖适量。

**做法:** ①将蒲公英、芦根洗净,放入温开水中浸泡片刻,取出后切碎,捣烂用纱布过滤,取汁。②再次放入适量温开水中浸泡片刻,重复制汁,合并 2 次滤汁,混合均匀,加入红糖调味即可。

**用法:** 日常饮用,量随意。

# 茉莉绿茶

**原料:** 茉莉花茶 5 克,绿茶 3 克。

**做法:** 将茉莉花茶、绿茶一起放入杯中,用沸水冲泡即可。

**用法:** 日常饮用,量随意。

### ✦ 功效

清肝明目

泻火通便

### ✦ 功效

保肝降火

养阴润喉

缓解便秘

# 菊花玫瑰茶

**原料:** 玫瑰花 6 克, 菊花 6 克, 蜂蜜适量。

**做法:** 玫瑰花、菊花加适量清水, 煎煮 30 分钟, 去渣取汁, 放凉后调入蜂蜜即可。

**用法:** 日常饮用, 量随意。

**功效**

清肝泻火

降脂降压

# 蒲公英蜂蜜茶

**原料:** 蒲公英20克,大黄2克,蜂蜜适量。

**做法:** ①将蒲公英、大黄入锅加适量清水,煎煮2次,每次15~20分钟,合并滤汁。②待凉后调入蜂蜜即成。

**用法:** 日常饮用,量随意。

**功效:** 清火解毒,润肠通便。

# 决明子茶

**原料:** 决明子30克。

**做法:** ①决明子拣杂,洗净,烘干。②用沸水冲泡,加盖闷15分钟即可。

**用法:** 日常饮用,量随意。

**功效:** 保肝明目。

# 何首乌绿茶

**原料:** 制何首乌30克,绿茶3克。

**做法:** ①将制何首乌洗净,切片,烘干。②将制何首乌片与绿茶同放入杯中,用沸水冲泡,加盖闷15分钟即可。

**用法:** 日常饮用,量随意。

**功效:** 清肝泻火

## 夏季消暑解毒

　　强烈的阳光照射、外界气温高、出汗过多，都使人容易在夏季发生中暑。茶叶有清凉、解热、生津等作用，还含有芳香物质、有机酸等，这些物质易挥发，它们挥发过程中的吸热作用，是重要的清凉剂。所以如果你在夏季轻断食，注意多喝去除暑毒的茶饮十分必要。

### 功效

清热除湿

泻火定惊

## 龙胆草蜜茶

**原料:** 龙胆草 2 克,竹叶 10 克,蜂蜜适量。

**做法:** 洗净龙胆草、竹叶, 加适量清水, 煎煮 20 分钟, 去渣取汁, 待茶转温后调入蜂蜜即成。

**用法:** 日常饮用, 量随意。

# 荷叶薄荷茶

**原料:** 薄荷 15 克, 荷叶 30 克。

**做法:** ①将荷叶撕成小片或切碎, 与薄荷同入锅中。②加适量清水。③中火煎煮15 分钟, 用洁净纱布过滤取汁。

**用法:** 日常饮用, 量随意。

ↀ → **功效**

生津止渴

缓解头痛

# 杏仁连翘银花茶

**原料:** 金银花 15 克, 连翘 15 克, 杏仁 10克, 蜂蜜适量。

**做法:** ①将连翘、杏仁洗净, 切碎, 放入纱布袋中, 扎口; 金银花洗净, 放入锅中加适量清水浸泡片刻。②锅内加入连翘、杏仁药袋, 大火煮沸, 再用小火煎煮 30分钟, 取出药袋, 待水温后加入蜂蜜调匀即成。

**用法:** 日常饮用, 量随意。

ↀ → **功效**

消痈散结

降火消暑

# 莲子焦锅巴茶

**原料:** 莲子 500 克,焦锅巴 500 克,白糖适量。

**做法:** 莲子洗净,焦锅巴研粗末。每次取 10 克,加适量白糖,用沸水冲泡即可。

**用法:** 日常饮用,量随意。

**功效:** 健脾消食,益气止泻。

# 苦瓜绿茶

**原料:** 苦瓜片 10 克,绿茶 5 克。

**做法:** 将苦瓜与绿茶一同放入杯中,加沸水冲泡 5 分钟即可。

**用法:** 日常饮用,量随意。

**功效:** 清热利尿,明目去脂,降血糖。

# 玉米须饮

**原料:** 玉米须 20 克,蜂蜜适量。

**做法:** ①将玉米须漂洗后,放入锅中加足量水,大火煮沸后改用小火煨煮 30 分钟。②去渣取汁,放凉后调入蜂蜜即可。

**用法:** 日常饮用,量随意。

**功效:** 清热利水,生津止渴。

# 荷叶山楂泽泻茶

**原料:** 鲜荷叶 100 克,泽泻、山楂各 10 克。

**做法:** 将荷叶、泽泻、山楂入锅加适量清水,煎煮 2 次,每次 20 分钟,合并滤汁即可。

**用法:** 日常饮用,量随意。

**功效**

清热去燥

去脂减重

## 秋季润燥解毒

秋季这三个月，炎暑渐消，气温逐渐降低，湿度逐渐减小。秋天的气候特点主要是干燥，容易伤及人的肺脏，燥邪会导致口鼻干燥、渴饮不止、皮肤干燥、鼻干出血、便干难解。秋燥也容易伤阴，导致阴虚，因此，秋季轻断食时期饮茶需以补肺润燥为原则。

**功效**

润燥去火

和中开胃

# 菊花陈皮茶

**原料:** 陈皮6克，菊花3克，冰糖适量。

**做法:** ①陈皮洗净，切碎。②陈皮与菊花放入杯中，用沸水冲泡，加盖闷5分钟，调入冰糖即可。

**用法:** 日常饮用，量随意。

# 黄芪百合饮

**原料：** 黄芪 30 克，百合 30 克，杏仁 20 克，红糖 20 克。

**做法：** ①黄芪洗净，切片；百合、杏仁洗净，晒干。②黄芪、百合、杏仁放入锅中，加适量清水，大火煮沸。③再用小火煨煮至沸，加红糖即可。

**用法：** 日常饮用，量随意。

### 功效

润肺清燥

生津止渴

解除乏力

# 菊楂决明茶

**原料：** 菊花 10 克，山楂 15 克，决明子 15 克。

**做法：** ①决明子洗净；山楂洗净，去核，切片。②菊花、山楂片、决明子放入锅中，加适量清水煎煮即可。

**用法：** 日常饮用，量随意。

### 功效

疏风散热

润肠通便

平肝降压

# 银杏叶茶

**原料：** 银杏叶 5 克，绿茶 3 克。

**做法：** ①将银杏叶洗净，晒干，与绿茶一起研成粗末，装入泡茶袋中，封口挂线。②用沸水冲泡茶袋，加盖闷 15 分钟即可，可以连续冲泡 3~5 次。

**用法：** 日常饮用，量随意。

### 功效

缓解疲劳

促进新陈代谢

# 柿叶蜜茶

**原料:** 干柿叶 10 克, 蜂蜜适量。

**做法:** 干柿叶放入杯中, 用沸水冲泡, 加盖闷 10 分钟后, 加适量蜂蜜拌匀即可。

**用法:** 日常饮用, 量随意。

**功效:** 润肺生津 , 降压凉血。

# 枇杷叶茶

**原料:** 枇杷叶 30 克。

**做法:** ①枇杷叶洗净, 切碎、晒干。②加适量清水, 浓煎 30 分钟即可。

**用法:** 日常饮用, 量随意。

**功效:** 缓解疲劳、促进新陈代谢。

# 枸杞菊花茶

**原料:** 枸杞子 10 克, 菊花 5 克。

**做法:** 枸杞子、菊花去杂, 用沸水冲泡, 加盖闷 15 分钟即可。

**用法:** 日常饮用, 量随意。

**功效:** 明目去火, 降血压。

## 冬季温补驱寒毒

寒冬之时，枯木衰草，万物凋零，阴雪纷纷，常会使人触景生情，抑郁不欢。此时应养精蓄锐，迎接春天的阳气萌生。冬天给人的另一感受是寒，中医学认为，寒为阴邪，易伤阳气。由于人身之阳气根源于肾，寒邪最易伤肾阳。所以，冬季轻断食饮茶以温补养肾为佳。

**功效**

滋阴补肾

益气明目

驱寒暖胃

# 决明子枸杞红茶

**原料：**决明子 20 克，枸杞子 30 克，红茶 10 克。

**做法：**决明子、枸杞子、红茶放入锅中，加适量清水，煎煮 30~40 分钟取汁即可。

**用法：**日常饮用，量随意。

# 山药菟丝子茶

**原料:** 山药干片 20 克, 菟丝子 10 克, 冰糖适量。

**做法:** ①将山药干片洗净。②山药干片、菟丝子放入锅中加适量清水、冰糖, 煎煮 20 分钟后即可。

**用法:** 日常饮用, 量随意。

### 功效

暖中和胃

保暖安神

# 枸杞肉桂茶

**原料:** 枸杞子 15 克, 肉桂 2 克, 红糖 15 克。

**做法:** ①枸杞子洗净, 烘干; 肉桂洗净, 撕碎。②枸杞子、肉桂和适量清水混合放入锅中, 煮沸后加入红糖, 继续煎煮 10 分钟即可。

**用法:** 日常饮用, 量随意。

### 功效

滋阴补肾

养气安神

# 核桃姜茶

**原料：**核桃仁 30 克，红茶 6 克，生姜、红糖各适量。

**做法：**核桃仁、生姜、红茶、红糖一同放入锅中，加适量清水，煎煮 40 分钟取汁即可。

**用法：**日常饮用，量随意。

**功效**

温中健脾

补肾止痢

益气活血

# 黑芝麻肉苁蓉茶

**原料：** 黑芝麻 50 克，肉苁蓉 10 克。

**做法：** ①黑芝麻炒熟，研末；肉苁蓉研末。
②用沸水冲泡黑芝麻和肉苁蓉末，加盖
闷 5 分钟即可饮用，可连续冲泡 5 次。

**用法：** 日常饮用，量随意。

**功效：** 补气活血，润肠通便。

# 生姜红枣茶

**原料：** 生姜 10 克，红枣 5 颗。

**做法：** ①将生姜洗净，切片；红枣洗净。
②生姜、红枣加适量清水，用大火煮沸后
转用小火煎煮 10~15 分钟即可。

**用法：** 日常饮用，量随意。

**功效：** 温补心阳，宁心安神。

# 蜂蜜红茶

**原料：** 红茶 5 克，蜂蜜 20 克。

**做法：** 红茶用沸水冲泡 10 分钟后，调入
蜂蜜即可。

**用法：** 日常饮用，量随意。

**功效：** 驱寒保暖，开胃益气。

# 附录　适合轻断食的 3 款果蔬汁

## 紫甘蓝黄瓜汁

**原料:** 紫甘蓝 1/4 个( 约 300 克 ), 黄瓜 1 根( 约 150 克 ), 蜂蜜适量。

**做法:** ①紫甘蓝、黄瓜分别洗净, 切小块。②将紫甘蓝和黄瓜放入榨汁机, 搅打成汁后连渣一起倒入杯中, 加入适量蜂蜜, 饮用即可。

## 胡萝卜枸杞汁

**原料:** 胡萝卜 1 根( 约 120 克 ), 枸杞子 1 小勺( 约 5 克 ), 柠檬汁适量。

**做法:** ①胡萝卜洗净, 开水余烫后凉凉, 切小块; 枸杞子洗净。②将胡萝卜和枸杞子放入搅拌机, 加入适量凉开水和适量柠檬汁, 搅打成汁后倒入杯中, 饮用即可。

## 西蓝花果醋汁

**原料:** 中等大小西蓝花半棵( 约 150 克 ), 苹果醋 20 毫升。

**做法:** ①西蓝花除去梗表面的硬皮, 连梗一起切成小朵, 在沸水中余烫, 捞出。②将西蓝花放入搅拌机, 加入适量凉开水和苹果醋, 搅打成汁后倒入杯中, 食用即可。